Cornelia Klein

Sol-Gel-Verfahren für die Herstellung von Zirkoniumdioxidschichten

Cornelia Klein

Sol-Gel-Verfahren für die Herstellung von Zirkoniumdioxidschichten

Schichtcharakterisierung und Anwendung als Hartmaskenmaterialien in der Halbleitertechnik

Südwestdeutscher Verlag für Hochschulschriften

Impressum/Imprint (nur für Deutschland/only for Germany)
Bibliografische Information der Deutschen Nationalbibliothek: Die Deutsche Nationalbibliothek verzeichnet diese Publikation in der Deutschen Nationalbibliografie; detaillierte bibliografische Daten sind im Internet über http://dnb.d-nb.de abrufbar.
Alle in diesem Buch genannten Marken und Produktnamen unterliegen warenzeichen-, marken- oder patentrechtlichem Schutz bzw. sind Warenzeichen oder eingetragene Warenzeichen der jeweiligen Inhaber. Die Wiedergabe von Marken, Produktnamen, Gebrauchsnamen, Handelsnamen, Warenbezeichnungen u.s.w. in diesem Werk berechtigt auch ohne besondere Kennzeichnung nicht zu der Annahme, dass solche Namen im Sinne der Warenzeichen- und Markenschutzgesetzgebung als frei zu betrachten wären und daher von jedermann benutzt werden dürften.

Verlag: Südwestdeutscher Verlag für Hochschulschriften GmbH & Co. KG
Dudweiler Landstr. 99, 66123 Saarbrücken, Deutschland
Telefon +49 681 37 20 271-1, Telefax +49 681 37 20 271-0
Email: info@svh-verlag.de

Zugl.: Freiberg, TU Bergakademie, Diss., 2011

Herstellung in Deutschland:
Schaltungsdienst Lange o.H.G., Berlin
Books on Demand GmbH, Norderstedt
Reha GmbH, Saarbrücken
Amazon Distribution GmbH, Leipzig
ISBN: 978-3-8381-2787-3

Imprint (only for USA, GB)
Bibliographic information published by the Deutsche Nationalbibliothek: The Deutsche Nationalbibliothek lists this publication in the Deutsche Nationalbibliografie; detailed bibliographic data are available in the Internet at http://dnb.d-nb.de.
Any brand names and product names mentioned in this book are subject to trademark, brand or patent protection and are trademarks or registered trademarks of their respective holders. The use of brand names, product names, common names, trade names, product descriptions etc. even without a particular marking in this works is in no way to be construed to mean that such names may be regarded as unrestricted in respect of trademark and brand protection legislation and could thus be used by anyone.

Publisher: Südwestdeutscher Verlag für Hochschulschriften GmbH & Co. KG
Dudweiler Landstr. 99, 66123 Saarbrücken, Germany
Phone +49 681 37 20 271-1, Fax +49 681 37 20 271-0
Email: info@svh-verlag.de

Printed in the U.S.A.
Printed in the U.K. by (see last page)
ISBN: 978-3-8381-2787-3

Inhaltsverzeichnis

1 Einleitung & Motivation

Der vollzogene Wandel vom Industrie- zum Informationszeitalter basiert wesentlich auf der herausragenden Innovationskraft der Halbleitertechnologie. Im Zuge von Strukturverkleinerungen (*Moore*sches Gesetz [1]) sind kostenoptimierte Herstellungsverfahren sowie neuartige Materialien und Prozessschritte zu entwickeln, die eine kompatible Implementierung in den Produktionsablauf erfordern. Die Sol-Gel-Technik bietet als einfache und Ressourcen schonende Methode interessante Perspektiven für die Beschichtung unterschiedlichster Substratoberflächen, beispielsweise mit glasartigen oder keramischen Materialien. Auf diese Weise können deren spezielle Eigenschaften, wie hohe Härte, UV-Stabilität und chemische Resistenz, für andere Anwendungen nutzbar gemacht werden. Als nachteilig gelten die zur Herstellung der Beschichtungen unökonomisch hohen Temperaturen von über 800 ℃. [2] [3] [4]

Für die industrielle Fertigung funktionaler dünner Schichten haben sich Plasma- und Vakuumverfahren wie CVD (**C**hemical **V**apour **D**eposition) und PVD (**P**hysical **V**apour **D**eposition) sowie elektrochemische und chemische Abscheidungen als gängige Prozesse etabliert. [5] [6] Vor allem die Sol-Gel-Technologie gestattet durch Wahl geeigneter Ausgangssubstanzen (*Precursoren*) und zielgerichteter Syntheseführung die Steuerung der gewünschten Eigenschaften von Beschichtungen auf molekularer Ebene und trägt damit zur Erschließung neuer technischer Anwendungen bei. Da für eine Dünnfilmabscheidung auf Basis der Sol-Gel-Technik keine technologischen Standardlösungen verfügbar sind, müssen konkrete Anwendungen erarbeitet und optimiert werden.

Die Abscheidung von ZrO_2-Filmen auf 300 mm-Wafern mittels Spin-Coating ist in dieser Form bislang nicht verwirklicht worden. Im Rahmen dieser Arbeit sind Zusammenhänge zwischen den Eigenschaften der Beschichtungslösung, dem Benetzungsverhalten auf verschiedenen Substratmaterialien sowie den realisierbaren Schichtdicken zu erforschen. Des Weiteren sollen relevante Beziehungen zwischen den zur Verfügung stehenden thermischen Prozessen sowie den Morphologien und Verspannungen gebildeter oxidischer Schichten erforscht werden. Im Fokus der Arbeit steht die Herstellung einer reinen (nano-)kristallinen ZrO_2-Phase mit hoher chemischer Uniformität bei Temperaturen unter 800 ℃.

Die Themenstellung zur günstigen und reproduzierbaren Herstellung von ZrO_2-Schichten mit variablen Stärken bis zu 400 nm auf der Grundlage eines Sol-Gel-Prozesses, besitzt für 300 mm-Substrate ein außerordentlich hohes Innovationspotential. In Abbildung 1-1 ist der angestrebte Prozessablauf mit den Einflussparametern illustriert.

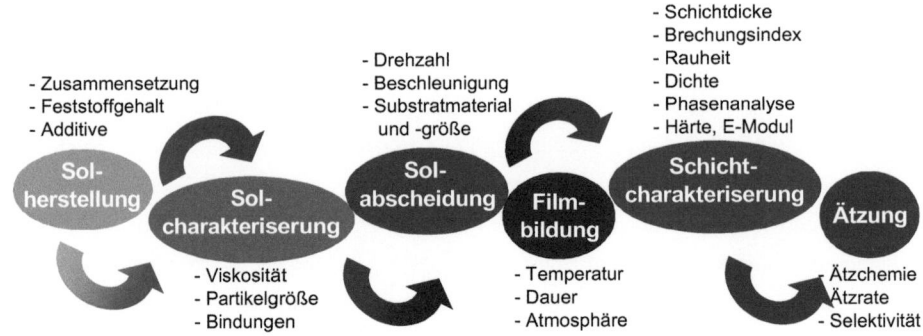

Abbildung 1-1: Schematische Darstellung der untersuchten Parameter in den Prozessschritten.

Zunächst sollen Synthesen und Charakterisierungen geeigneter Edukt-Sole im Mittelpunkt der Untersuchungen stehen, wobei Methoden der Flüssigkeitsspektroskopie (FT-IR, UV/Vis) sowie Viskositätsbestimmung und dynamische Lichtstreuung genutzt werden. Durch Zusatz geeigneter Additive werden die Sol-Eigenschaften und die daraus resultierenden Schichten bezüglich ihrer Qualität und Dicke optimiert. Die Erkenntnisse aus den Untersuchungen zur Zusammensetzung, Viskosität, Partikelgröße und -verteilung sollen das Verständnis um die Vorgänge beim Beschichten und Sintern vertiefen.

Für Substratgrößen von 300 mm stellt die Abscheidung uniformer, defektfreier Oxidschichten eine besondere Herausforderung dar. Ausgehend von einem Rezept zur Lithographielackbeschichtung soll durch Veränderung relevanter Parameter, wie Spingeschwindigkeit, Vorbenetzung und Applikationsarten, sowie durch Variation der Substratmaterialen das bestmögliche Resultat erzielt werden. Zur Erfolgskontrolle kann der Wafer unter Schräglicht (Vorder-/ Rückseite) betrachtet werden, sowie auf optische Mikroskopie zurückgegriffen werden.

Für die Umwandlung der Gel-Schicht in einen keramischen Film ist ein Sinterprozess notwendig, dessen Verlauf mit thermoanalytischen Methoden verfolgt werden soll. Als besonders kritisch ist ein diesbezüglich geringer thermischer Stress im Substrat bei gleich bleibender Filmqualität einzuschätzen. Spezielle Temperaturführungen, die im Gegensatz zu literaturbekannten Methoden vollzogen werden, können Verspannungen und somit

Rissbildungen vermeiden. Vorarbeiten wurden hierzu im Rahmen eines unveröffentlichten Projektes am *Fraunhofer-Institut für Keramische Technologien und Systeme (IKTS)* für Wafer mit 100 mm Durchmesser durchgeführt. Die anhand von Messungen der Waferverbiegung ermittelten Schichtspannungen können helfen die Abläufe von Temperschritten besser zu verstehen und tragen somit zu deren Optimierung bei. Ergänzende spektroskopische Untersuchungen sollen darüber hinaus Erkenntnisse zu Bildung und Verbleib von Intermediaten liefern. Die hergestellten Schichten werden hinsichtlich ihrer Zusammensetzung, Struktur und Eigenschaften eingehend charakterisiert. Die Ellipsometrie erweist sich dabei als ein wertvolles Instrument zur Bestimmung von Brechungsindices und Schichtdicken über die gesamte Waferfläche hinweg. Damit ist es möglich, Schichten miteinander zu vergleichen und Rückschlüsse auf Sol-Eigenschaften und Beschichtungsparameter zu ziehen. Daneben sind Zusammenhänge zwischen den mikrostrukturellen Eigenschaften, wie Brechungsindex, Dichte und Härte, und der Temperaturbehandlung zu diskutieren. Die gewonnenen Erkenntnisse werden einen wesentlichen Beitrag zur gezielten Beeinflussung dieser Eigenschaften und den sich daraus ergebenden Applikationen als neuartiges Material in der Halbleitertechnik leisten.

Neben Sol-Synthese, Substratbeschichtung und Charakterisierung steht die Anwendbarkeit der gewonnen Filme als Hartmasken im Blickpunkt.
Von zentraler Bedeutung ist gemäß der *International Technological Roadmap for Semiconductors* [7], die Entwicklung von Technologien für zukünftige Strukturgrößengenerationen $\leq$ 45 nm. Ein Ziel ist es, die *45 nm Node CMOS Technology* [8] zur Herstellung von dynamischen Speicherelementen (DRAM's) in die Fertigung zu überführen. In diesem Fall wird eine Kondensatorstruktur in Form von Löchern durch Ätzprozesse in das Halbleitermaterial eingebracht. Keramische Hartmasken mit herausragenden Ätzeigenschaften sind für das Erreichen eines sehr hohem Aspektverhältnisses vonnöten. Daher wird der Nachweis zur prinzipiellen Eignung der entwickelten Sol-Gel-Materialien in der Halbleitertechnik anhand konkreter Anwendung angestrebt. Als Anforderungen für die Hartmasken stehen Homogenität, physikalische Dichte sowie rissfreie Schichten mit maximalen Partikelgrößen von etwa 50 nm im Mittelpunkt.

An dem durch das Bundesministerium für Bildung und Forschung geförderten Projekt 12618/2086 waren neben der *Qimonda* GmBH & Co. OHG (Dresden, Projektkoordinator) und dem *Fraunhofer CNT* (Dresden), auch das *Fraunhofer IKTS* (Dresden) beteiligt.

2 Grundlagen

2.1 Der Sol-Gel-Prozess

Der Sol-Gel-Prozess ist ein nasschemisches Verfahren, mit dem keramische oder amorphe Produkte hergestellt werden können. Dabei handelt es sich insbesondere um Oxidgläser, die aus mehreren Komponenten bestehen, Glaskeramiken und kristalline Schichten. Das Verfahren wurde zu Beginn vorwiegend für die Herstellung von SiO_2-Produkten genutzt. [9] [10] [11] Mit der Beschichtung von Rückspiegeln [9] im Jahre 1953 wurde das Verfahren auch zur industriellen Fertigung angewandt. Bezüglich Einfachheit und Kosteneffizienz erweist sich dieses Verfahren als vorteilhaft gegenüber anderen Beschichtungsmethoden, wie PVD (z. B. Sputtern) und CVD (z. B. Atomlagenabscheidung ALD). [12]

Mittels des Sol-Gel-Prozesses ist es möglich, amorphe und (teil-)kristalline Materialien verschiedenster Art auf elegante und einfache Weise zu erzeugen. Neben Fasern [13] [14] [15] und Pulvern [16] [17] [18], stehen Schichten [19] im Fokus der Anwendungs-möglichkeiten:

- Korrosions- und Verschleissschutz (Hartbeschichtungen)
- dekorative Schichten
- Streu-, Leit- oder Antireflexschichten in der Optik
- photokatalytisch aktive Beschichtungen
- elektrische und magnetische Schichten in der Elektrotechnik
- Diffusionssperrschichten
- gassensitive Sol-Gel-Schichten

Die Vor- und Nachteile des Sol-Gel-Prozesses im Vergleich zu konventionellen Verfahren, wie CVD oder Sputtern, sind in Tabelle 2-1 gegenübergestellt.

Tabelle 2-1: Vor- und Nachteile des Sol-Gel-Prozesses im Vergleich zu konventionellen Verfahren.

	VORTEILE	NACHTEILE
chemische Zusammensetzung	• sehr homogene Verteilung der Ausgangskomponenten	• hohe Kosten der Ausgangsstoffe
	• einfache Herstellung von Multikomponentensystemen	• Toxizität mancher Ausgangsstoffe
	• gleichmäßiger Einbau von Dotierungen in beliebiger Menge	• abweichende Hydrolyse- und Kondensationsraten der Metallalkoxide
	• möglicher Einbau organischer Komponenten	• aufgrund chemisch instabiler Komponenten häufig aufwendige Klimatisierung nötig
	• hohe chemische Reinheit der Ausgangsstoffe	
Teilchengröße	• kleine Korngröße und enge Korngrößenverteilung	• Schrumpfung der Produkte während der Trocknung und Sinterung (Gefahr von Rissbildung)
	• hohe Sinteraktivität, niedrige Sintertemperatur	
	• geringe Größe der vorhandenen Poren, hohe Sinterdichte	• Restporosität der Produkte
Formgebung	• durch Steuerung der Polykondensationsreaktion lassen sich Zwischenstufen beliebiger Viskosität einstellen	• teilweise lange Prozesszeiten
	• Gele können bereits in der Form des Fertigproduktes gebildet werden (unter Berücksichtigung der Schrumpfung)	

2.1.1 Teilschritte des Sol-Gel-Verfahrens

Die Herstellung des keramischen oder amorphen Materials wird durch die Herstellung eines Sols, dessen anschließender Gelierung und durch Entfernung des Lösungsmittels bewerkstelligt. Aus der Vielzahl von Veröffentlichungen zu diesem Thema ist die Monographie von *Brinker* und *Scherer* [20] hervorzuheben, die den Sol-Gel-Prozess detailliert beschreibt.

Aus metallorganischen Verbindungen, organischen Lösungsmitteln und speziellen Verbindungen wird ein Sol hergestellt. Dies sind kolloidale Lösungen, bei denen feste Partikel im Größenbereich zwischen 1 bis 100 nm in einer Flüssigkeit dispergiert vorliegen (nanopartikuläre Dispersion [20]) und zwar so, dass ihre Wechselwirkungen untereinander sehr klein sind (Stabilisierung). Diese Stabilisierung ist erforderlich, da auf Grund der großen Teilchenoberfläche eine Aggregation zu größeren Teilchen mit insgesamt kleinerer Oberfläche stattfinden würde, was wiederum zur Präzipitation führt.

Die Destabilisierung des Sols, z. B. durch pH-Änderung oder Lösungsmittelentzug führt zu Polymerisationsreaktionen (Sol-Gel-Transformation), in deren Folge eine dreidimensionale Vernetzung der Kolloide stattfindet (Gel). Die Porengröße in diesen Netzwerkstrukturen liegen im Submikrometerbereich und die Netzwerkketten sind größer als 1 µm. [21] Je nach Porenfüllung, wird zwischen *Hydrogel* (Wasser), *Alkogel* (Alkohole) und *Aerogel* (Gase) unterschieden.

Bezüglich ihrer Herstellung lassen sich Sol-Gel-Systeme in partikulär oder polymer untergliedern, wobei die Übergänge fließend sind. Polymere Sole bilden sich bei partieller Hydrolyse (Teilhydrolyse) von Alkoxiden. Hydrolyse- und Kondensationsreaktionen verlaufen parallel und es kommt zur Bildung von linearen Polymerketten. Dabei steuern die Bedingungen während der Hydrolyse maßgeblich die Polymerstruktur.

Die Totalhydrolyse der Metallalkoxide stellt den zweiten Weg der Sol-Herstellung dar. Durch Wasserzugabe im Überschuss, kommt es zur Ausbildung sphärischer Partikelstrukturen. Diese haben ein großes Aggregationspotential, was zur Niederschlagsbildung führt. In Abbildung 2-1 sind beide Hydrolysearten schematisch dargestellt.

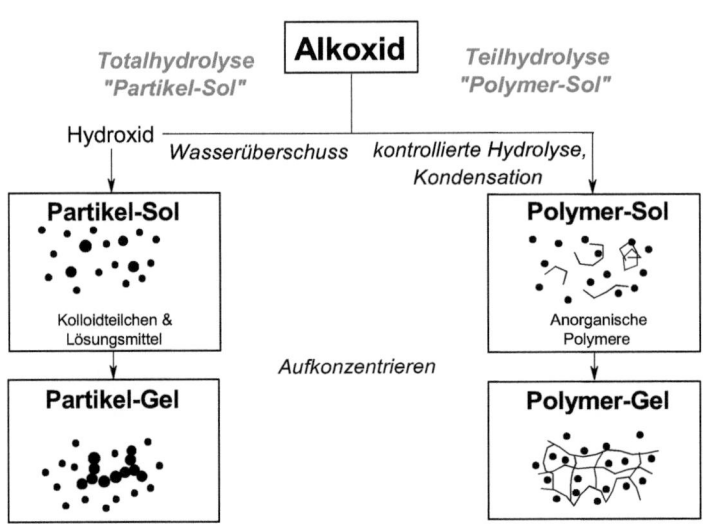

Abbildung 2-1: Hydrolyse des Alkoxids zum Partikel- bzw. Polymer-Gel.

Nach der Gel-Bildung kommt es zur Alterung, dabei zieht sich das Netzwerk zusammen (Synärese). Bei thermischer Behandlung (Trocknung, Sintern) kommt es durch Lösungsmittelevaporation zur Bildung von sogenannten Xerogelen. Die sich anschließende Veraschung der organischen Bestandteile führt zur Verdichtung (Abbildung 2-2).

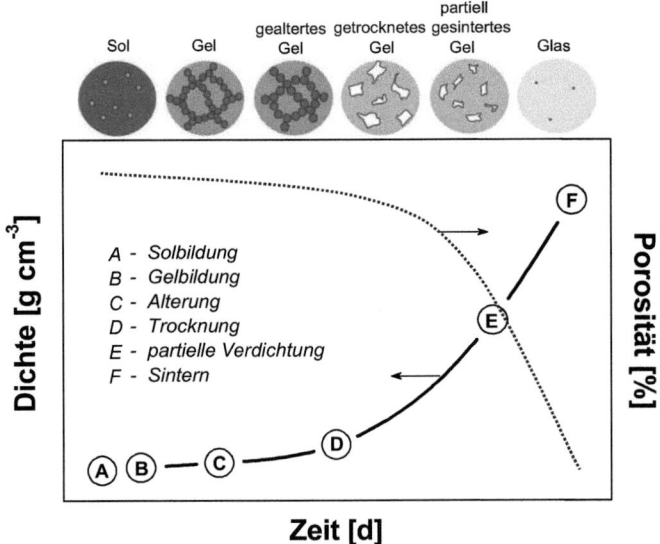

Abbildung 2-2: Verlauf des Sol-Gel-Verfahrens. [22]

Als Grundlage für die Herstellung der kolloidalen Lösung dient in der Regel ein von Liganden umgebenes Metall oder ein metalloides Element. Am häufigsten werden Metallalkoholate der Form $M(OR)_n$ eingesetzt, wobei M oft ein 4-wertiges Metall, wie Si, Ti oder Zr bzw. ein 3-wertiges Metall, wie Al, Y oder B, ist. Das entsprechende Metall ist dabei über sauerstoffhaltige Gruppen an Alkylgruppen, wie Ethyl: $-C_2H_5$; Propyl: $-(n/i)C_3H_7$ oder Butyl: $-(n/s/t)C_4H_9$ gebunden. Zu den am weitesten verbreiteten Methoden der Precursorherstellung zählen die Reaktion von Alkoholen mit Metallchloriden (oder Metallhydroxiden) zu den entsprechenden Metallalkoxiden. [23]

Die Hydrolyse von Alkoxiden durch Zusatz von Wasser oder einer Mischung aus Wasser und Alkohol kann durch einen 3-Stufen-Mechanismus der nukleophilen Substitution beschrieben werden. Der erste Schritt (I) besteht in einem nukleophilen Angriff eines Wassermoleküls auf das positiv geladene Metallatom.

Dies führt zu einem Übergangszustand (II), bei dem die Koordinationszahl N um eins erhöht ist. Der zweite Schritt umfasst einen Protonentransfer von Übergangszustand (II) zu (III). Dabei wird ein Proton des Wassermoleküls auf den negativ geladenen Sauerstoff einer benachbarten Alkoxid-Gruppe übertragen. Im letzten Schritt ereignet sich die Abspaltung des Alkohols (Übergangszustand III). [23] [24]

Die Gel-Bildung wird durch eine Destabilisierung des Sols (z. B. pH-Änderung oder Verdampfung des Lösungsmittels) eingeleitet. Die Evaporation bewirkt die Umkehr der Abstoßung (*Stern*-Potential) in eine Anziehung der sich nähernden Partikel geht mit einem Viskositätsanstieg einher. [25] [26]

Die Ausbildung des dreidimensionalen oxidischen Netzwerkes durch Kondensations-reaktionen ohne den Einsatz von Katalysatoren verläuft bei koordinativ gesättigten Metallzentren nach dem Mechanismus einer nukleophilen Substitution gefolgt von einem Protonentransfer des angreifenden Moleküls und Abspaltung der protonierten Spezies als Alkohol (Alkoxolation) oder Wasser (Oxolation).

Alkoxolation:

$$M{\diagdown}\,\underset{H}{\overset{}{\diagup}}\!\ddot{O} \;+\; M-\ddot{\underline{O}}R \;\longrightarrow\; \left[\begin{array}{c} M{\diagdown}\\ \underset{H}{\diagup}\!O \rightarrow M-\ddot{\underline{O}}R \end{array}\right]^{\ddagger} \;\longrightarrow\; \left[\; M-\ddot{\underline{O}}-M \leftarrow O{\overset{\diagup R}{\diagdown_H}}\;\right]^{\ddagger} \;\longrightarrow\; M-\ddot{\underline{O}}-M \;+\; R-\ddot{\underline{O}}H$$

Oxolation:

$$M{\diagdown}\,\underset{H}{\overset{}{\diagup}}\!\ddot{O} \;+\; M-\ddot{\underline{O}}H \;\longrightarrow\; \left[\begin{array}{c} M{\diagdown}\\ \underset{H}{\diagup}\!O \rightarrow M-\ddot{\underline{O}}H \end{array}\right]^{\ddagger} \;\longrightarrow\; \left[\; M-\ddot{\underline{O}}-M \leftarrow O{\overset{\diagup H}{\diagdown_H}}\;\right]^{\ddagger} \;\longrightarrow\; M-\ddot{\underline{O}}-M \;+\; H_2O$$

Die Kondensationsneigung nimmt in den Nebengruppen von oben nach unten und mit zunehmender Oxidationsstufe zu. In den niedrigen Oxidationsstufen tritt meist Olation (Verolung), also Bindung über eine O–H-Brücke unter Verdrängung von koordinativ gebundenem Wasser oder Alkohol, auf. [27] Es kommt zur Bildung verbrückender Hydroxogruppen durch Eliminieren von Lösungsmittelmolekülen (H_2O oder R–OH, je nach deren Verhältnis im Reaktionssystem).

$$M-O(H,R) \;+\; M{\leftarrow}O{\overset{\diagup R}{\diagdown_H}} \;\longrightarrow\; \underset{(R,H)}{M{\diagdown}\!O} \rightarrow M \;+\; R-OH$$

$$M-O(H,R) \;+\; M{\leftarrow}O{\overset{\diagup H}{\diagdown_H}} \;\longrightarrow\; \underset{(R,H)}{M{\diagdown}\!O} \rightarrow M \;+\; H_2O$$

Sowohl die Hydrolyse als auch die Kondensation können sauer, basisch oder nukleophil katalysiert werden:

$$M-O(H,R) \;+\; H^+ \;\longrightarrow\; \underset{(R,H)}{H{\diagdown}\!O} \rightarrow M^+ \;\overset{+H_2O}{\longrightarrow}\; \left[\underset{(R,H)}{H{\diagdown}\!O} \rightarrow M^+ \leftarrow O{\overset{\diagup H}{\diagdown_H}}\right] \;\underset{-(R,H)OH}{\overset{+H^+}{\longrightarrow}}\; M-OH$$

$$M-O(H,R) \;+\; OH^- \;\longrightarrow\; \left[HO^- \rightarrow M-O(H,R)\right] \;\longrightarrow\; M-OH + RO^-$$

$$\Updownarrow +H_2O$$

$$ROH + OH^-$$

$$M-O(H,R) \;+\; Nu \;\longrightarrow\; \left[Nu-M-O(H,R)\right]^{\ddagger} \;\overset{+H_2O}{\longrightarrow}\; \left[Nu-M-O(H,R) \cdots O{\overset{\diagup H}{\diagdown_H}}\right]^{\ddagger} \;\longrightarrow\; M-OH + ROH + Nu$$

Es ist möglich den Agglomerisationsvorgang so zu steuern, dass es zu keinen Inhomogenitäten in der Partikelverteilung kommt, die zur *Rayleigh*-Streuung führen. Auf diese Weise können transparente Gel-Schichten hergestellt werden. Angesichts der hohen Oberflächenenergie der Nanopartikel und der damit verbundenen Reaktivität lassen sich kompakte Schichten schon bei einer Temperaturbehandlung von über 500 ℃ verdichten, wo ansonsten 800 ℃ notwendig sind. [28]

Nach der Gel-Bildung kommt es zu einer Konsolidierung innerhalb des Festkörpergerüstes. In diesem Stadium wird entweder die Kondensationsreaktion weiter fortgesetzt – wobei es zur Schrumpfung des Netzwerkes und Absonderung von Porenflüssigkeit (Synärese) kommt – oder zur *Ostwald*-Reifung (Abbildung 2-3). Dabei lösen sich Monomere an konvexen Partikeloberflächen und es kommt zur erneuten Kondensation an den konkaven Oberflächen, in deren Folge die „Hälse" gestärkt werden.

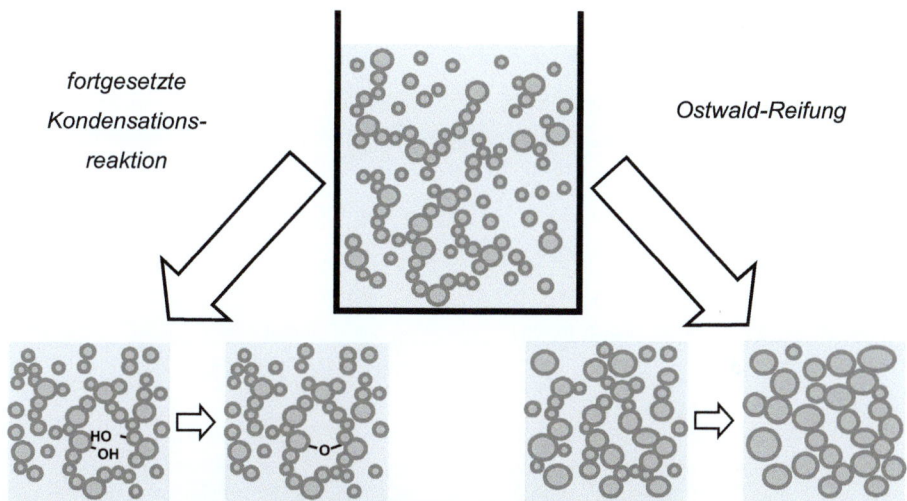

Abbildung 2-3: Alterung von Gelen nach der fortgesetzten Kondensation (links) und der Ostwald-Reifung (rechts).

Während dieses Prozesses schrumpfen die kleineren Partikel, während die großen weiter wachsen. Sinkt der Radius eines kleinen Kolloids unter einen kritischen Wert, wird es energetisch instabil und löst sich vollständig auf. Daraus resultiert eine Abnahme der Partikelanzahl mit fortschreitender Evolution (Vergröberung). Während der *Ostwald*-Reifung kommt es zu einer Minimierung der freien Energie (Oberflächenspannung) des

Systems, was für die praktische Anwendung in der Produktion von Emulsionen oder Salben sowie bei der Bewertung der Stabilität von Schäumen von Bedeutung ist.

Flüssigkeitsentzug bzw. thermische Behandlung führt zur Aushärtung des Gels. Bei Bindungsbildung oder Partikelanziehung läuft dies spontan ab, so dass Flüssigkeit durch die Poren gedrückt wird. [20] Infolgedessen kommt es zu Kapillarspannungen, welche eine Schrumpfung des Netzwerks zur Folge haben. Diese Kräfte erreichen ein Maximum, wenn der Meniskus der Flüssigkeit in die Poren eindringt. Anschließend schrumpft das Gel kaum noch. Das durch Ausdampfen bei Temperaturen bis zu 150 ℃ entstandene, trockene Gel wird *Xerogel* genannt. [11]

Vereinfachte Annahmen bei der Filmtrocknung vernachlässigen Partikelaggregationen und implizieren ungehinderte Umlagerungen (dichte Kugelpackung). Allerdings ist in den meisten Fällen die Filmtrocknung komplex. Ein Spezialfall ist die Trocknung bei dünnen Sol-Gel-Schichten. Hier beginnt die Trocknung des flüssigen Sol-Films unmittelbar nach dem Abscheidungsschritt bei Raumtemperatur und Normaldruck, in dessen Folge eine feste, kunststoffartige Gel-Schicht gebildet wird.

In Abbildung 2-4 ist diese Umwandlung schematisch dargestellt. Durch die Verdampfung des Lösungsmittels kommt es zu einer starken Erhöhung der Polymerkonzentration, so dass ein kontinuierliches Netzwerk durch Aggregation von Clustern und Partikeln gebildet wird. Dieser Prozess geht mit einem Ansteigen der Viskosität und dem Übergang von viskosem zu viskoeleastischem Verhalten einher.

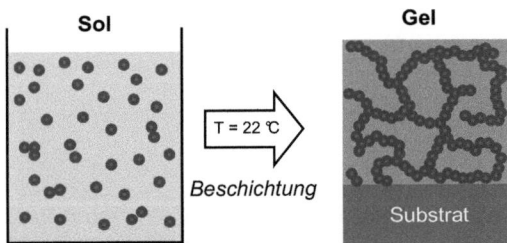

Abbildung 2-4: Beginnende Umwandlung des flüssigen Sol-Films in eine feste Gel-Schicht auf dem Substrat unmittelbar nach der Abscheidung. [29]

Eine theoretische Beschreibung liefert die klassische Polymerchemie [30] [31], die Perkolationstheorie und kinetische Modelle. Die Theorie nach *Flory-Stockmayer* geht davon aus, dass ab dem Gel-Punkt eine Gel- und eine Sol-Phase vorliegen, wobei der Anteil der Gel-Phase steigt, aber nie 100 % erreicht. Des Weiteren steigt der Vernetzungsgrad in der Gel-Phase stetig an. Das Ausbilden von zusammenhängenden

Gebieten (*Clustern*) bei zufallsbedingtem Besetzen von Strukturen (Gittern) wird durch die *Perkolationstheorie* (engl. *percolation* – die Durchsickerung) beschrieben. Beispiele sind die Punktperkolation, Kantenperkolation oder die gerichtete Perkolation. [32]

Eine Trocknung des Gels ist notwendig, um mechanische Spannungen in den Schichten zu minimieren und damit Rissbildungen vorzubeugen. Unterhalb Temperaturen von 350 °C werden die organischen Bestandteile verdampft und es kommt zur Bildung einer amorphen Schicht. Oberhalb dieser Temperatur beginnt die Schicht zu kristallisieren und sich zu verdichten, dabei ist anzumerken, dass die Sintertemperatur von 700 °C für Sol-Gel-Schichten im Vergleich zu normalen Sinterkeramiken sehr viel niedriger ist, da die Sinteraktivität durch die große innere Oberfläche der nanoporösen Schicht erhöht wird. [29] Von diesem Punkt an setzten Keimbildung und Kristallisation ein, wodurch die Transformation von einer amorphen glasartigen in eine kristalline keramische Schicht statt findet (Abbildung 2-5).

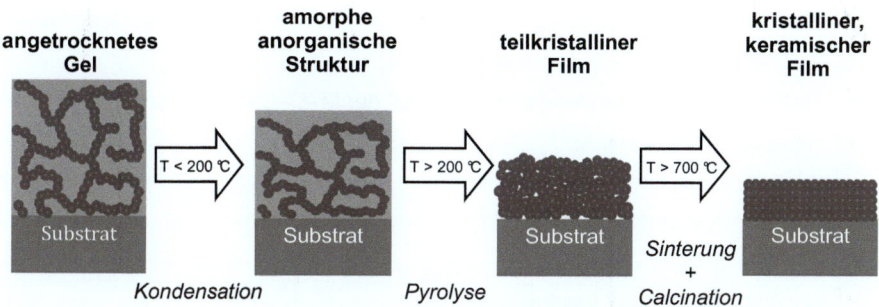

Abbildung 2-5: Wärmebehandlung des Gel-Films und Überführung in eine kristalline keramische Schicht. [29]

Während der thermischen Behandlung kommt es wie beschrieben zur Kristallisation. In Abhängigkeit von der Temperatur können dabei sowohl amorphe als auch kristalline Phasen auftreten. Diese Phasen unterscheiden sich bezüglich ihres Sinterverhaltens stark. Im Fall der amorphen Schichten erfolgt die Verdichtung durch viskoses Fließen. [33] Die Verdichtungsrate wird durch folgende Gleichung beschrieben:

$$\frac{d\rho}{dt} = \frac{3\,\gamma}{2\,r\,\eta}(1-\rho) \qquad\qquad (2\text{-}1)$$

ρ Dichte

γ Oberflächenspannung an der Grenzfläche Gas/Flüssigkeit

η Viskosität

r Partikelgröße

Die Sinterung von kristallinen Phasen erfolgt hingegen durch Diffusion. Der Materialtransport kann dabei entlang der Oberfläche, durch das Gitter entlang der Korngrenzen oder über die Dampfphase erfolgen. Liegen – wie im Fall von Gelen – sehr kleine Partikel vor, rücken Oberflächen- und die Korngrenzendiffusion als Transportmechanismen in den Vordergrund. Der Sinterprozess umfasst gleichfalls das Stadium des Kornwachstums, wobei die Grenzflächenenergie abnimmt. Das Kornwachstum verlangsamt die Verdichtung, da die Diffusionswege entlang den Korngrenzen zunehmen. Aus diesem Grund sind die Verdichtungsraten durch das viskose Fließen signifikant höher. Bei Sol-Gel-Filmen kann es zusätzlich noch durch den Substrateinfluss zu einer heterogenen Keimbildung und dadurch zu einer Texturierung des Films kommen. [33]

Die Struktur der Kondensationsprodukte ist abhängig von dem jeweiligen Anteil der vier Teilreaktionen Hydrolyse, Oxolation, Alkoxolation und Olation an der Gesamtreaktion sowie von internen und externen Parametern: [34]

- Elektronegativität des Metalls und Polarität der M–O–C-Bindungen
- Natur der Alkoxidgruppe
    - beeinflusst molekulare Komplexität
    - Hydrolyseempfindlichkeit (Hydrolysegeschwindigkeit sinkt mit Größe und Verzweigung von R)
- pH-Wert (säure- oder basenkatalysiert)
- Lösungsmittel und Löslichkeit
- Grad der Hydrolyse h (h = [H_2O]/[$M(OR)_n$]
    - $h < n$:   Fasern, Ketten, Schichten
    - $h < 1$:   molekulare Cluster
    - $h > n$:   Gele, dreidimensionale Polymere
- Modifizierte Precursor $M(OR)_{n-y} X_y$ (X = OH, OAc, ß-Diketon usw.)
    - Hydrolyserate sinkt mit der Funktionalität des Precursors (Anzahl der OR-Gruppen) sowie mit steigender Koordinationszahl des Metalls
    - Hydrolyseempfindlichkeit: OR > OAc > ß-Diketon

2.1.2 Modifizierung mit Additiven

Durch geeignete Zusätze können die Sol-Eigenschaften und damit die Schichteigenschaften gezielt verändert werden. In Tabelle 2-2 sind einige Additive zusammengestellt.
Zu den wichtigsten zählen dabei Chelatisierungsmittel, wie Carbonsäuren oder ß-Diketone,
zur gezielten Steuerung der Hydrolyse und Verhinderung des Ausfallens von Hydroxiden,
sowie Verdickungsmittel (Polymere) zur Steigerung der Schichtdicke bei gleichzeitiger
Unterbindung von Rissbildungen. Aufgrund ihres Aufbaus werden diese Verbindungen erst
bei höheren Temperaturen aus dem Gel-Film ausgetrieben und können so in der ersten
Phase der Wärmebehandlung die Zugspannung zu einem bestimmten Grad relaxieren.

Chelatbildner sind Liganden, die Zentralatome mit mindestens zwei Koordinationsstellen
(Haftatomen) komplexieren. Der Ligand heißt in diesem Fall Chelator (griech.: $X\eta\lambda\acute{\eta}$, chele
für „Krebsschere"). Der Ligand ist mit dem Zentralatom (Zr^{4+}) über koordinative Bindungen
verknüpft, wobei die bindenden Elektronenpaare allein vom Liganden bereitgestellt werden.
Diese Chelatkomplexe sind inerter als analoge Komplexe mit einzähnigen, nicht
untereinander verbundenen Liganden (Chelateffekt). Die Gründe für die Stabilität liegen in
der thermodynamischen Natur des Komplexes. Zum Einen kommt es bei der
Komplexbildung und der damit verbunden räumlichen Nähe der Haftatome zu einer
Entropieabnahme in deren Folge ein Gewinn der freien Enthalpie zu verzeichnen ist, und
zum Anderen besitzen die Chelatkomplexe eine hohe kinetische Stabilität, da mehrere
Koordinationsstellen beim Austausch aufgespaltet werden müssen.

Tabelle 2-2: Ausgewählte Additive und ihre Wirkungsweise in Solen.

ADDITIV	FUNKTION
Chelatisierungsmittel	Kontrolle der Hydrolyse
	⇨ Hydrolysegeschwindigkeit sinkt und Präzipitatbildung wird verhindert
Verdickungsmittel	Erhöhung der Viskosität
	⇨ Schichtdickenerhöhung
Stressrelaxationsmittel	Verminderung mechanischer Spannungen beim Trocknen und Sintern
	⇨ Verhinderung von Rissbildung

Die Alkoxide der Übergangsmetalle weisen im Vergleich zu denen von Hauptgruppen-
elementen (Si, Ge) eine erhöhte Reaktivität auf, was sich insbesondere durch die einfache
und sehr schnelle Reaktion mit Wasser zeigt. Untersuchungen der Reaktionszeiten
belegen, dass die Hydrolyse von Titaniumalkoxiden im Bereich von Millisekunden und die
von Zirkoniumalkoxiden im Mikrosekundenbereich abläuft [35], und damit im Vergleich zu
Siliziumalkoxiden um den Faktor 10^5 - 10^8 schneller ist [36]. Die erhöhte Reaktivität der
Zirkoniumalkoxide ist bedingt durch die Elektrophilie des Zr(IV) und dessen Tendenz zum
Anstieg der Koordinationszahl N auf 7 oder 8. [37] Bei Wasserzugabe kommt es sofort zur
Bildung von Präzipitaten, so dass Vorstufen der Hydrolyseprodukte sehr schwer zu
charakterisieren sind. *Bradley* und *Mehrotha* [38] fanden Anfang der 70er Jahre heraus,
dass durch eine chemische Modifizierung der Alkoxide mit elektronenziehenden Liganden,
wie Carboxylgruppen, *β*-Diketone und funktionale Alkohole, die Reaktivität bei der
Hydrolyse und Polykondensation gesenkt werden kann und dadurch das Ausfällen
verhindert wird. Als Erklärung für diesen Effekt wurde die gleichbleibende Ladungs-
verteilung im Molekül, die Blockierung der Koordinationsstellen am Metallatom und die
Hemmung der Polykondensation am Metallatom, da keine hydrolysierbaren und damit
austauschbaren Liganden vorhanden sind, angeführt. [39] Die Arbeitsgruppe von *Kessler*
ist jedoch der Auffassung, dass der Sol-Gel-Prozess nicht durch kinetische Effekte
während der Hydrolyse und Polykondensation gesteuert wird, sondern auf die erhöhte
Mobilität der modifizierten Liganden und deren Selbstorganisation zu Oxo-Spezies
zurückzuführen ist. Bei Zugabe des Stabilisators zum Alkoid ist eine Wärmeentwicklung
wahrnehmbar, die einem schnellen Ligandenaustausch zuzuschreiben ist. [40]
Für eine bessere Kontrolle über die einzelnen Reaktionen und der Oxidbildung werden
β-Diketone, z. B. Acetylaceton, als Zircuniumalkoxidkomplexbildner eingesetzt. Die
Reaktion von Zirkonium-tetra-*n*-propoxid (ZTP) mit Acetylaceton verläuft nach einem
assoziativen Mechanismus:

$$Zr(OPr^n)_4 + x\,AcAcH \rightarrow Zr(OPr^n)_{4-x}(AcAc)_x + x\,Pr^nOH \qquad (2\text{-}2)$$

Acetylaceton fungiert als zweibindiger Chelatligand [41], welcher zur Bildung eines
Precursors mit unterschiedlicher molekularer Struktur führt (Abbildung 2-6). Dieser ist
schwieriger zur hydrolysieren, als die Alkoxidgruppen (Chelateffekt). Des Weiteren
unterbindet er die Kondensationsreaktion und führt zur Bildung kleinerer Partikel. [37]

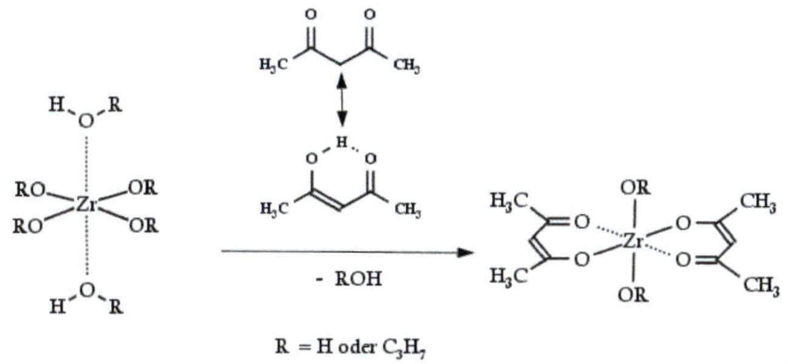

$R = H \text{ oder } C_3H_7$

Abbildung 2-6: Chelatbildung der Acetylacetons mit ZTP in wässriger Lösung.

Der modifizierte Precursor, $Zr(OPr^n)_{3-x}(acac)_x$, wird durch Zugabe einer bestimmten Menge an Wasser hydrolysiert. Durch die Hydrolyse der Alkoxidgruppen entstehen kondensationsfähige Zr–OH Gruppen, die eine Vielzahl neuer Spezies bilden können. Deren Größe und Zusammensetzung ist mittels zweier chemischer Parameter steuerbar:

Komplexierungsverhältnis:
$$x = \frac{[Acetylaceton]}{[ZTP]} \qquad (2\text{-}3)$$

Hydrolyseverhältnis:
$$h = \frac{[Wasser]}{[ZTP]} \qquad (2\text{-}4)$$

Das Komplexierungsverhältnis x hat einen großen Einfluss auf die Hydrolyse und Kondensation von acetylacetonmodifiziertem ZTP. [42] Gallertartige Präzipitate von amorphem wässrigen Zirkoniumdioxid $ZrO_2 \cdot H_2O$ bilden sich bei einem niedrigen Komplexierungsverhältnis ($x \leq 0{,}1$), während kristallines $Zr(acac)_4$ bei $x \geq 4$ ausfällt. [43] Die exakte Abstimmung der Steuergrößen x und h ist daher eine notwendige Voraussetzung, um das gewünschte Produkt mit der entsprechenden Zusammensetzung zu erhalten.

Die stufenweise Chelatisierung ermöglicht eine gesteuerte Hydrolyse der am Zirkonium verbliebenen OR-Gruppen und im Anschluss definierte Kondensationsreaktionen unter Ausbildung von Oligomeren. Bei Zugabe einer geringen Wassermenge ($h < 1$) zu chelatstabilisierten Zr-Komplexen werden nur wenige Alkoxid-Gruppen hydrolysiert.

In diesem Zusammenhang konnten z. B. die oligomeren Spezies $[Zr_4O(OPr^n)_{10}(acac)_4]$ oder $[Zr_{10}O_6(OH)_4(OPr^n)_{18}(allylacetoacetat)_6]$ gefunden werden. [43] Bei diesen Clustern sind einige Propoxid-Gruppen hydrolysiert und ordnen sich als μ-Oxo- oder μ-OH-

Liganden verbrückend an, während die inerten Chelatliganden mit dem Zirkonium verbunden bleiben und weitere Kondensationsreaktionen unterbinden.

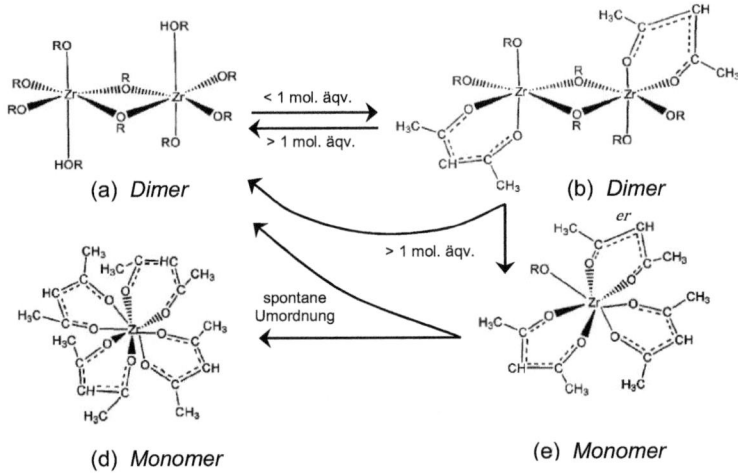

Abbildung 2-7: Mechanismus der Stabilisierung von Zirkonium-tetra-propoxid (R = i-Pr oder n-Pr) mit Acetylaceton. Durch Zusatz von Acetylaceton im Unterschuss zum Alkoxid-Dimer (a) wird (b) erhalten. Bei weiterer Zugabe von Acetylaceton bildet sich (c) und die Ausgangsverbindung (a). Spontane Neuordnung von (c) führt zu (d) oder (a). [44]

Je nach Alkoxidrest (n- oder i-Propoxid bzw. eine Mischung von beiden) können bei Zusatz von Acetylaceton unterschiedlich stabilisierte Precursoren entstehen (Abbildung 2-7). Durch Zugabe von Acetylaceton (x = 0,5) zum Precursor (a) – unmodifiziertes Dimer vom Zirkonium-tetra-i-propoxid – wird ein Dimer mit einem Acetylacetonliganden (b) erhalten, wobei die Koordinationszahl (N = 6) beibehalten wird. Bei weiterer Zugabe von Acetylaceton (x = 1) werden durch Dismutierung das Dimer mit zwei Acetylacetonliganden (c) und die Ausgangsverbindung (a) gebildet und N steigt auf 7 an. Aufgrund des sterisch anspruchsvollen Acetylacetonliganden liegt der Precursor nur noch als Monomer vor. Die spontane Umordnung von (c) führt zur Ausgangsverbindung (a) und zum vollständig chelatisiertem Zr(acac)$_4$ (d) mit der Koordinationszahl 8. Sobald von Zirkonium-tetra-n-propoxid oder einer Mischung aus n- und i-Propoxidliganden ausgegangen wird, entsteht bei Zugabe von Acetylaceton immer Zr(acac)$_4$ (d). [44] [45] [46]

Die Molekülstrukturen der mit zwei beziehungsweise drei Acetylacetonliganden chelatisierten Dimere sind in Abbildung 2-8 dargestellt. Mit zwei Acetylacetonliganden kristallisiert der Precursor in der triklinen Raumgruppe $P\bar{1}$ als Dimer, während eine dreifache Substitution zur Kristallisation in der orthorhombischen Raumgruppe Pna2(1) (Monomer) führt. Das vierfach mit Acetylaceton substituierte Monomer Zr(acac)$_4$ kristallisiert hingegen in der monoklinen Raumgruppe C2/c. [47]

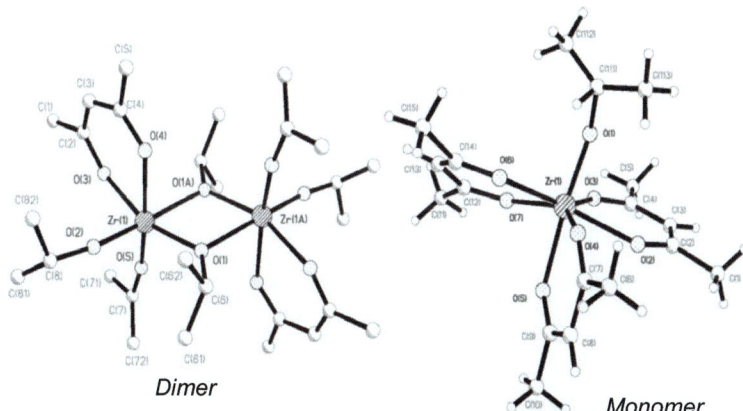

Dimer

Monomer

Abbildung 2-8: Molekülstruktur von [Zr(O^{i}Pr)$_3$(acac)$_2$]$_2$ (links) und Zr(O^{i}Pr)(acac)$_3$ (rechts). [44]

Beim Chelatbildner PEG handelt es sich – je nach Kettenlänge – um ein flüssiges oder festes, chemisch inertes, wasserlösliches und nicht-toxisches Polymer mit der allgemeinen Summenformel $C_{2n}H_{4n+2}O_{n+1}$. Das PEG besteht aus (–CH$_2$–CH$_2$–O–)-Monomeren mit einer relativen Molekülmasse von 44 g mol^{-1}, die linear miteinander verknüpft sind. Das pastenartige Polyethylenglykol 600 hat einen Schmelzbereich von 17 - 22 °C. Es wird dem Sol zugesetzt, um Rissbildung und Schrumpfung beim Trocknen bzw. Sintern zu verringern.

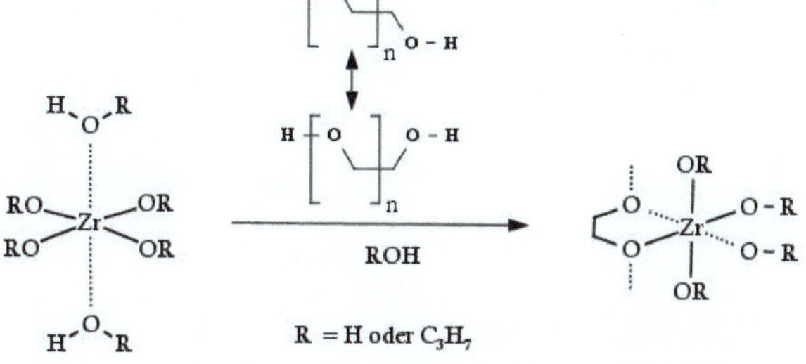

Abbildung 2-9: Chelatbildung der Polyethylenglykols mit ZTP in wässriger Lösung.

Eine erhöhte Viskosität bedingt zunehmende Schichtdicken. Im Gegenzug kommt es jedoch zu einem Anstieg der Porosität, da die organischen Bestandteile erst bei hohen Temperaturen als Kohlenstoffdioxid bzw. Wasser entweichen und dadurch Hohlräume entstehen. In Abbildung 2-9 ist die Chelatbildung von PEG mit ZTP schematisch dargestellt.

2.2 Abscheidungsverfahren

Es gibt eine Vielzahl von Verfahren für die Aufbringung dünner Schichten [48] [49] [50] auf Silizium-Substrate speziell für die Halbleiterindustrie. In diesem Kapitel werden die Wichtigsten erläutert.

2.2.1 Gasphasenabscheidung

Die wohl bekanntesten Abscheidungsverfahren sind die physikalische Gasphasen-abscheidung (*Physical Vapour Deposition*) und chemische Gasphasenabscheidung (*Chemical Vapour Deposition*).
Beim CVD-Verfahren erfolgt die Herstellung der metallischen Oxidschichten über die Verdampfung einer geeigneten metallorganischen Verbindung (Precursor), die auf der Substratoberfläche oder in deren unmittelbarer Nähe eine chemische Reaktion eingeht und so zur Abscheidung der gewünschten Schicht auf der Substratoberfläche führt (Abbildung 2-10, rechts).

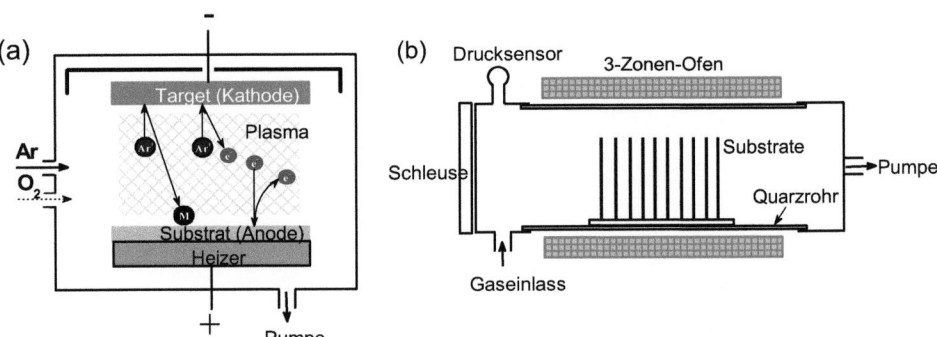

Abbildung 2-10: Prinzipieller Aufbau einer Sputter- (a) sowie einer CVD-Anlage (b).

Die Weiterentwicklung des CVD-Verfahrens stellt die Atomlagenabscheidung (*Atomic Layer Deposition*) dar. Auch hier erfolgt die Schichtbildung über eine chemische Reaktion mindestens zweier Precursoren. Allerdings werden diese zyklisch nacheinander in die Reaktionskammer eingelassen, wobei zwischen den Gaseinlässen der Ausgangsstoffe die Reaktionskammer mit einem Inertgas (z. B. Argon) gespült wird. So sollen die Teilreaktionen klar voneinander getrennt und auf die Oberfläche begrenzt werden. Auf diese Weise können sehr dünne Schichten im *Angström*-Bereich abgeschieden werden.

Im Gegensatz zu CVD wird beim PVD die Schicht direkt durch Kondensation von Atomen oder Ionen gebildet. Zur Gruppe der Verfahren der physikalischen Gasphasenab-scheidung zählen Verdampfungsverfahren (Thermisches Verdampfen, Elektronenstrahl-verdampfen, Laserstrahlverdampfen, Lichtbogenverdampfen, Molekularstrahlepitaxie), Sputtern (Ionenstrahlgestützte Deposition) und das Ionen-plattieren. Beim Sputtern wird durch Anlegen einer Spannung zwischen einer Kathode und einer Anode ein Gasplasma oder reaktives Gasgemisch im Vakuum gebildet (Abbildung 2-10, links). Die auf diese Weise entstandenen Ionen werden im elektrischen Feld beschleunigt und auf dem Substratmaterial abgeschieden. Vor allem SiO_2-, Si_3N_4-, Al_2O_3- und C-Schichten werden mittels dieser Methoden abgeschieden.

2.2.2 Flüssigphasenabscheidung

Für die Abscheidung aus der flüssigen Phase können chemische oder elektrochemische Verfahren herangezogen werden. Zu den bevorzugten Techniken gehören das Schleuderverfahren (Spin-Coating) [20] [51] und das Tauchziehen (Dip-Coating). In Abbildung 2-11 sind beide Verfahren schematisch gegenübergestellt.

Für die Beschichtung großer oder dreidimensionaler Substrate wird das Dip-Coating-Verfahren eingesetzt, bei dem das zu beschichtende Substrat in das Sol getaucht und anschließend mit konstanter Geschwindigkeit (1 - 50 cm min^{-1}) wieder entfernt wird.

Die Spin-Coating-Technik ist für die Beschichtung von rotationssymmetrischen Substraten das Mittel der Wahl. Es gilt als eines der besten Beschichtungsverfahren für die Herstellung dünner, gleichförmiger und nivellierender Schichten auf Siliziumwafern. Das Sol wird über eine Spritze auf die rotierende Scheibe appliziert und verteilt sich aufgrund des Gleichgewichts von Zentrifugalkräften, Adsorptionskräften und Viskosität gleichmäßig auf dem Substrat. Nach und nach verdampft das Lösungsmittel, die Viskosität nimmt zu und das Fließen des Lacks kommt zum Stillstand. Als Resultat erhält man innerhalb kürzester Zeit eine sehr homogene Schicht, welche durch thermische Behandlung in einen dichten keramischen Film überführt wird.

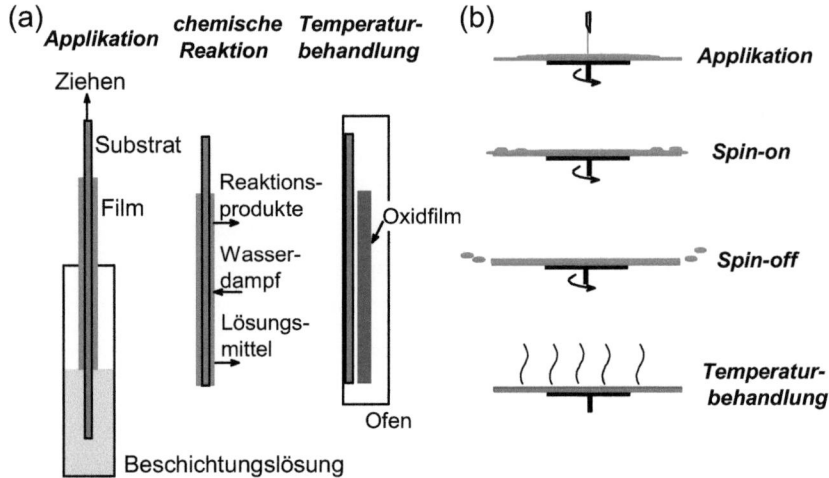

Abbildung 2-11: Schematische Darstellung des Dip-Coating (a) und des Spin-Coating (b).

Im Rahmen dieser Arbeit wurden die Schichten mittels Spin-Coating abgeschieden. Dieses schnelle und effiziente Verfahren eignet sich sehr gut zur Beschichtung von Wafern und wird industriell im Bereich der Lithographie für 100, 200 und 300 mm-Wafer angewendet.

Die dominierenden Einflüsse beim Spin-Coating sind die Zentrifugalkraft und die Viskosität der Flüssigkeit. In einem idealen System ist die Schichtdicke nur von der Rotations-geschwindigkeit abhängig, danach ergeben sich bei schnellerer Rotation dünnere Schichten.

$$\text{Schichtdicke} \approx \left[\frac{1}{\text{Rotationsgeschwindigkeit}} \right]^{1/2} \tag{2-5}$$

Im realen Fall wird das Beschichtungsergebnis aber zusätzlich durch die Substratgröße, Geräte-parameter und äußere Faktoren beeinflusst. Um eine homogene Beschichtung über den gesamten Wafer zu erzielen, müssen diese Faktoren analysiert und durch geeignete Maßnahmen kontrolliert werden.

Während des gesamten Prozesses kann es aufgrund von Luftverwirbelungen über der Substrat-oberfläche zu Schwankungen der Verdunstungsvorgänge und Viskositäts-veränderungen infolge von Temperaturunterschieden kommen, welche wiederum Schichtinhomogenitäten nach sich ziehen. Im Vergleich zum kompakten Gel verdunsten leichtflüchtige Bestandteile in Schichten schneller, d. h. das Ausmaß der Schrumpfung ist in Schichten stärker ausgeprägt und die Porosität ist gegenüber dem Gel vermindert.

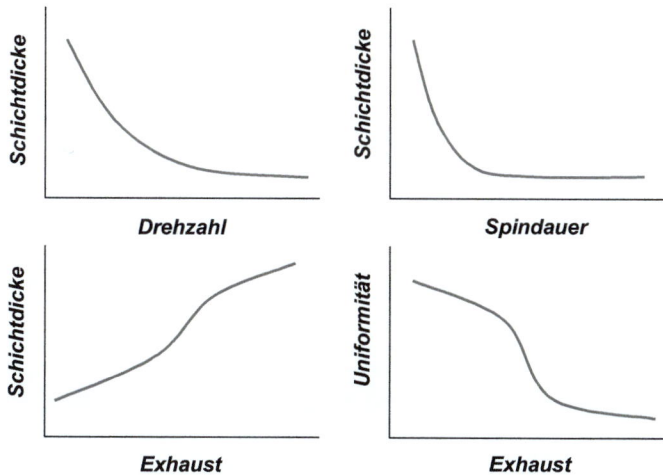

Abbildung 2-12: Schematische Darstellung des Einflusses der Geräteparameter auf die Schichtdicke. [52]

Um eine homogene, defektfreie Schicht definierter Dicke mittels Spin-Coating zu erhalten, bedarf es viel Erfahrung, da es eine Vielzahl von Einflussparametern gibt, die aufeinander abgestimmt werden müssen (Abbildung 2-12). Dazu zählen vor allem die Umdrehungszahl und die Beschleunigung, sowie die Spin-Dauer und die Ablufteinstellung (*Exhaust*).

Damit die Qualität und Schichtdicke über den gesamten Wafer gleich ist, ist eine genaue Einstellung der Geräteparameter und der Sol-Eigenschaften (Viskosität, Temperatur, Lösungsmittelgehalt) notwendig. In Abbildung 2-13 sind einige Einflussfaktoren – wie Applikationsdauer und -volumen, sowie die Temperatur von Substrat und Sol – und ihre Auswirkungen auf das Beschichtungsergebnis schematisch dargestellt.

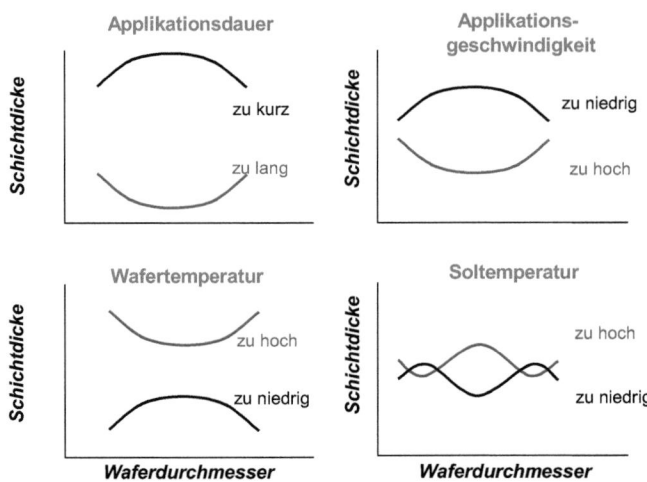

Abbildung 2-13: Beschichtungsparameter und ihre Auswirkungen auf das Beschichtungsprofil. [53]

Neben der Schichtdickenuniformität spielt die Qualität (Defektfreiheit) eine sehr wichtige Rolle bei der Sol-Abscheidung. In Abbildung 2-14 sind einige Defektbilder und ihre Ursachen illustriert. Besonders negativ wirken sich Partikel und Luftblasen aus, da sie bei der späteren Prozessierung (Tempern, Ätzung) zum Abplatzen der Schicht führen können. Die Bildung von Wirbelmustern (engl. *Striations*) ist auf eine inhomogene Verdunstung der flüchtigen Bestandteile zurückzuführen und kann durch eine niedrigere Absaugrate vermindert werden.

Luftblasen auf der Waferoberfläche
- Luft im Sol
- Kanüle hat Defekt

Pinholes
- Luftblasen/Partikel im Sol
- Partikel auf Substratoberfläche

Wirbelmuster
- Absaugrate zu hoch
- Geschwindigkeit und Beschleunigung zu hoch
- Spindauer zu kurz

unbeschichtete Bereiche
- unzureichende Solmenge

Chuckabdruck
- Temperaturunterschied zw. Substrat und Probenhalter

Kometen, Streifen oder Schlieren
- Solmenge zu hoch
- Absaugrate zu hoch
- Geschwindigkeit und Beschleunigung zu hoch
- Partikel auf Substrat
- Zeit zwischen Applikation und Spin-on zu lang

Abbildung 2-14: Defektbilder beim Spin-Coating und ihre möglichen Ursachen. [52]

Ein Nachteil der Sol-Gel-Beschichtung ist, dass die Filme nicht in einer beliebigen Dicke abgeschieden werden können, da es beim Überschreiten einer kritischen Schichtdicke (400 - 500 nm) zur Ausbildung von Rissen kommt. Die Entstehung von Rissen ist in der Zugspannung begründet, welche beim Verdampfen des Lösungsmittels und der damit verbundenen Schrumpfung der Gel-Filme entsteht. Durch den ansteigenden Vernetzungsgrad der Polymere während der Wärmebehandlung sinkt die Gel-Duktilität und damit können Zugspannungen durch Relaxationsvorgänge weniger gut abgebaut werden. Um trotzdem keramische Schichten mit Dicken > 500 nm mittels dem Sol-Gel-Verfahren herstellen zu können, bedient man sich der sogenannten *Multilayer*-Beschichtung, wobei der gesamte Beschichtungsvorgang (inklusive Wärmebehandlung bei Temperaturen > 400 °C) mehrfach wiederholt wird. Damit können zwar Schichtdicken von über 2 μm hergestellt werden, allerdings ist dieses Verfahren sehr aufwändig und zeitintensiv. Des Weiteren nimmt mit steigender Filmdicke die Verspannung in der Schicht zu, was beim Überscheiten einer kritischen Dicke zur Rissbildung und Abplatzen der Schicht führt.

2.3 Zirkoniumdioxidkeramik

2.3.1 Mikrostruturelle Eigenschaften

ZrO_2 gehört zu den Oxidkeramiken, welche im Wesentlichen aus einphasigen und einkomponentigen Metalloxiden (> 90 %) bestehen und glasphasearm oder glasphasefrei sind. Die Herstellung der Rohstoffe erfolgt auf synthetischem Wege, wobei die resultierende Oxidkeramik einen hohen Reinheitsgrad besitzt. Bei sehr hohen Sintertemperaturen entstehen gleichmäßige Mikrogefüge, die für die guten Eigenschaften verantwortlich sind. Das ZrO_2 kann in drei polymorphen Formen vorkommen: kubisch, tetragonal und monoklin. In Tabelle 2-3 sind die entsprechenden Gitterkonstanten und Temperaturbereiche, in denen diese Modifikationen auftreten, zusammengefasst.

Tabelle 2-3: Strukturdaten der Phasen von ZrO_2 (klein: O, groß: Zr). [55]

KRISTALLSYSTEM	GITTER-KONSTANTEN	TEMPERATUR-BEREICH	DICHTE
			in g cm^{-3}
kubisch (*Fm3m*) $a = b = c$	$a = 5,124$ Å	2370 – 2690 °C	6,09 (berechnet)
tetragonal (*P4$_2$/mmc*) $a = b \neq c$	$a = 5,094$ Å $c = 5,177$ Å	1170 – 2370 °C	6,1 (berechnet)
monoklin (*P2$_1$/c*) $a \neq b \neq c$	$a = 5,156$ Å $b = 5,191$ Å $c = 5,304$ Å	< 1170 °C	5,6

Die Herstellung dicht gesinterter Bauteile lässt sich in durch die kubische und/oder tetragonale Kristallmodifikation bewerkstelligen. Die Umwandlung der tetragonalen Phase in die monokline kann durch Druck gehemmt werden. Bei Druckentlastung dieses Werkstoffes, z. B. durch Rissspitzen oder Zugeigenspannungen, tritt eine Umwandlung zum *m-*ZrO_2 auf. Die druckgesteuerte Volumenzunahme von 3 - 5 % bei der Kristallphasenumwandlung schließt Risse, verlangsamt oder verzweigt sie. Dieses Verhalten wird als Umwandlungsverstärkung technisch genutzt.

Durch Zugabe stabilisierender Metalloxide wie Magnesiumoxid (MgO), Calciumoxid (CaO) oder Yttriumoxid (Y_2O_3) - gegebenenfalls auch Ceroxid (CeO_2), Scandiumoxid (ScO_3) oder Ytterbiumoxid (YbO_3) – zu m-ZrO_2 wird ein Mehrphasenwerkstoff hergestellt, der als teilstabilisiertes ZrO_2 (*Partially Stabilised Zirconia*) bei Raumtemperatur bezüglich seiner Mikrostruktur beständig ist. [54]

Die PSZ-Keramik besteht bei Raumtemperatur aus einer groben kubischen Phase mit geringen Ausscheidungen von monoklinen und tetragonalen Anteilen (Abbildung 2-15), die sich an den Korngrenzen der kubischen Phase befinden. Diese Ausscheidungen verhindern die Umwandlung in die monokline Phase. Das vorgespannte Gefüge zeigt eine verbesserte Festigkeit und Zähigkeit. [56]

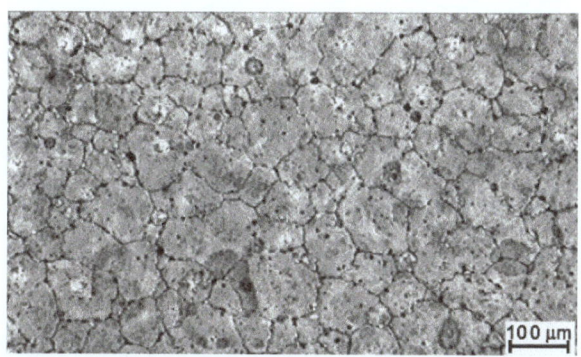

Abbildung 2-15: REM-Aufnahme des Gefüges von teilstabilisiertem ZrO_2 (PSZ). [57]

Als Gefüge wird das Zusammenspiel verschiedener Phasen sowie deren Poren eines keramischen Materials bezüglich ihrer Größe, Form, Orientierung und Verteilung bezeichnet, wobei die Korngrenze als eine Phase definiert wird. Daher können keramische Werkstoffe mit gleicher chemischer Zusammensetzung dessen ungeachtet stark unterschiedliche Eigenschaften zeigen, was auf Unterschiede im Gefüge zurückzuführen ist.

Eine zusätzliche Verbesserung der mechanischen Eigenschaften wird mit polykristallinem tetragonalem ZrO_2 (*Tetragonal Zirconia Polycrystals*) erreicht, dem 2 - 3 mol-% Y_2O_3 zugegeben werden (Abbildung 2-16). Durch Verwendung feinkristalliner Ausgangspulver und niedrigen Sintertemperaturen wird ein sehr feinkörniges Gefüge erhalten, das sich durch eine außerordentlich hohe mechanische Festigkeit von bis über 1500 MPa auszeichnet. [58] [59] Aufgrund ihrer fein ausgebildeten tetragonalen Kristallphase zeigen PSZ- und TZP-Keramiken ein einzigartiges Phänomen im Bereich der Hochleistungs-keramik: Es ist möglich, die Phasenumwandlung $c/t \rightarrow m$ durch Druck zu hemmen bzw. bei Druckentlastung, z. B. durch Rissspitzen oder Zugeigenspannungen, zu forcieren. Mit der druckgesteuerten Volumenzunahme bei der Phasenumwandlung ist es möglich die Rissbildung umzukehren, zu verlangsamen, oder Risse zu verzweigen. Diese Umwandlungsverstärkung wird technisch genutzt und führt bei PSZ- und vor allem bei TZP-Keramiken zu extrem hohen Bauteilfestigkeiten (maximale Anwendungstemperaturen: 600 - 1100 ℃).

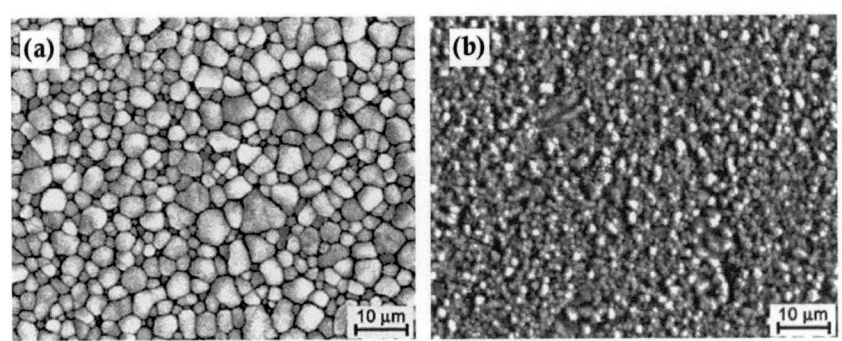

Abbildung 2-16: REM-Aufnahmen des Gefüges [60] (a) und Nano-Gefüges [61] (b) von polykristallinem tetragonalen ZrO₂ (TZP).

Durch Zugabe kubisch stabilisierender Oxide (MgO, CaO und Y_2O_3) lassen sich auch vollstabilisierte ZrO_2 (*Fully Stabilised Zirconia*) herstellen. Das Kristallgitter der kubischen Hochtemperaturstruktur bleibt so von Raumtemperatur bis zum Schmelzpunkt erhalten. Die in der technischen Anwendung störende Volumenzunahme findet beim FSZ nicht statt.

2.3.2 Stabilisierung von c/t-ZrO_2 in dünnen Filmen

Es ist bekannt, dass sich bei der Herstellung feinkörniger Pulver oder Schichten von ZrO_2 die kubisch-tetragonale Mischform schon bei Temperaturen unter 1000 ℃ bildet.
Hierzu werden in der Literatur verschiedene Erklärungsansätze diskutiert. *Garvie* [2] [62] begründet die Stabilität der kubisch-tetragonalen Phase mit der niedrigeren Oberflächen-energie im Vergleich zur monoklinen Phase. Er postulierte, dass Kristallite mit einer Größe kleiner 30 nm die c/t-Phase stabilisieren und größere Kristallite zu einer $c/t \rightarrow m$ Phasen-

transformation neigen. Eine weitere Erklärung kann auch der Wassergehalt in den Schichten liefern. Nach *Murase* und *Kato* [63] [64] führt das Wasser zu einem Anstieg des Kristallwachstums und zur Stimulation der $c/t \rightarrow m$ Transformation. *Livage et al.* [65] erachteten die strukturelle Ähnlichkeit zwischen dem amorphen Zustand und der tetragonalen Phase als ursächlich für deren Stabilität. Des Weiteren wird angenommen, dass Grenzflächen [66] und Dotierungen – z. B. mit Yttrium [67] [68] oder Cer [69] – die $c/t \rightarrow m$ Transformation verzögern. Spannungen [70] [71] und anionische Fehlstellen [72] sind weitere Erklärungsmodelle für die Stabilität von c/t-ZrO_2.

Abbildung 2-17 zeigt die Ergebnisse kalorimetrischer Messungen der Oxidschmelzen von amorphem, monoklinem und tetragonalem ZrO_2. [73] Mit Anstieg der Oberfläche kommt es zu Überkreuzungen der Enthalpiekurven in der Folge monoklin, tetragonal, amorph. Diese Beobachtung korrespondiert wiederum mit den Kristallitgrößen von m-ZrO_2 im Festkörper, welche 50 nm und größer sein können. Kalorimetrische Messungen, *Rietveld*-Verfeinerungen der Kristallstrukturen sowie die *Raman*-Spektren aller Polymorphe indizieren die bevorzugte Bildung der kubisch-tetragonalen Phase bei Temperaturen unterhalb 1000 ℃. [74]

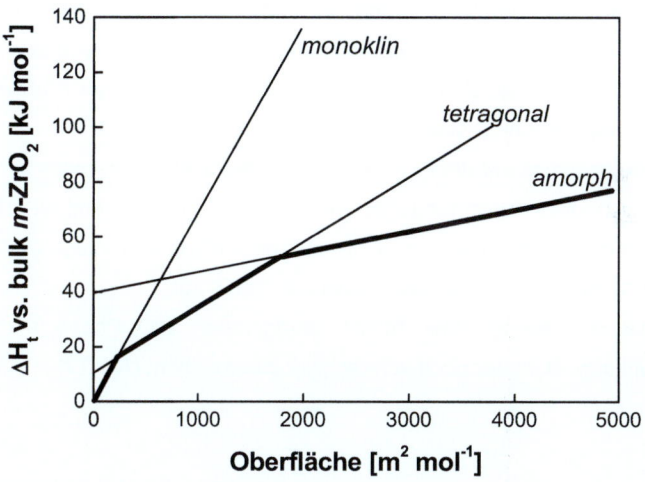

Abbildung 2-17: *Umwandlungsenthalpie ΔH_t für monoklines, tetragonales und amorphes ZrO_2 im Verhältnis zum monoklinen bulk-ZrO_2 in Abhängigkeit von der Oberfläche. Die dickeren Liniensegmente kennzeichnen die energetisch stabile Phase. Der Anstieg der Kurven entspricht der jeweiligen Oberflächenenergie (m-ZrO_2: 6,5 J m^{-2}, t-ZrO_2: 2,1 J m^{-2}, a-ZrO_2: 0,5 J m^{-2}). [73]*

Soo et al. [75] stellten ZrO$_2$-Proben mittels Ionenstrahlassistierter Abscheidung (*Ion Beam Assisted Deposition*) und einer Sol-Gel-Synthese ohne Hydrolyse her und charakterisierten diese neben XRD mit EXAFS-Analysen (*Extended X-ray Absorption Fine Structure*). Mit dieser Methode können Bindungslängen, Bindungsenergien und Koordinationszahlen bestimmt werden. Die untersuchten Proben lagen in der tetragonalen Phase vor und wiesen geringere Bindungslängen sowie niedrigere Koordinationszahlen als das *bulk*-Material auf (Tabelle 2-4).

Tabelle 2-4: *Bindungslängen und Koordinationszahlen von ZrO$_2$-Proben ermittelt mit EXAFS. [75]*

	BINDUNGSLÄNGE	KOORDINATIONSZAHL
	in Å	
Sol-Gel-ZrO$_2$	2,09	3,3
IBAD-ZrO$_2$	2,06	3,2
bulk-ZrO$_2$ (m-ZrO$_2$)	2,20	8

Das Fehlen von Nachbaratomen und die verkürzten Bindungen implizieren das Vorhandensein einer Vielzahl von Sauerstofffehlstellen. Bei Raumtemperatur stabilisieren diese freien Gitterplätze das ZrO$_2$ in Abwesenheit von chemischen Stabilisatoren in der tetragonalen Phase, die sich erst bei 1000 °C in *m*-ZrO$_2$ umwandelt.

Der Schichtdickeneinfluss auf die Polymorphie wurde für ALD-Schichten näher untersucht und es zeigte sich, dass Schichten unter 3 nm amorph sind, während *c/t*-ZrO$_2$ im Bereich von 3 bis 17 nm und bei niedriger Umwandlungsenthalpie vorliegt (Abbildung 2-18). Kristallite über 17 nm weisen dann die monokline Phase auf.

Jedoch ist die Herstellung einer reinen tetragonalen ZrO$_2$-Phase mit einer hohen chemischen Uniformität immer noch sehr schwer zu erreichen. [72] [77]

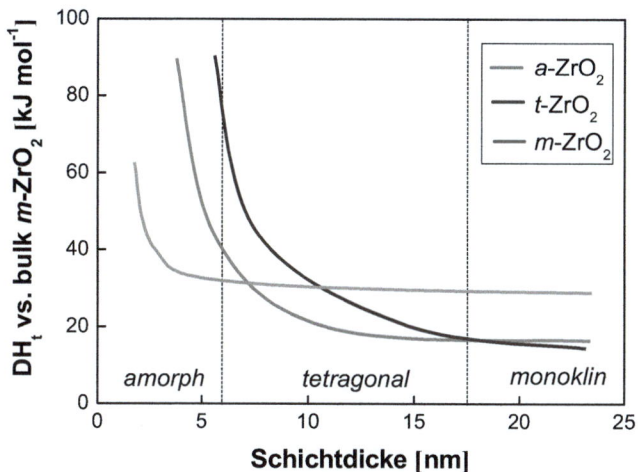

Abbildung 2-18: Stabile Phasen von ZrO₂-Schichten hergestellt mittels ALD in Abhängigkeit von der Schichtdicke und der Umwandlungsenthalpie ΔHₜ im Vergleich zu monoklinem bulk-ZrO₂. [76]

2.3.3 ZrO₂ als keramischer Werkstoff

Unter keramischen Werkstoffen werden anorganische, nichtmetallische, in Wasser schwer lösliche und zu wenigstens 30 % kristalline Substanzen verstanden. In der Regel erfolgt die Herstellung über Pulver-prozesse, d. h. ausgehend von keramischen Pulvern werden sogenannte Grünkörper gebildet, die durch thermische Behandlung zu den entsprechenden keramischen Bauteilen oder Erzeugnissen gesintert werden und so ihre typischen Eigenschaften erhalten. [78] Im Vordergrund der keramischen Prozesstechnik steht die Defektfreiheit, da im Gegensatz zu Metallen diese nicht einfach durch Einwirkung thermischer Energie ausgeheilt werden können. Viele Eigenschaften keramischer Werkstoffe sind umso besser, je feinkörniger das Gefüge bzw. die Kristallitgröße ist (z. B. Härte, Zähigkeit, Festigkeit). Da es bei höheren Sintertemperaturen auch zur Zunahme der Teilchengröße kommt, ist man bestrebt, diese möglichst klein zu halten.

Keramiken können in konventionelle und Hochleistungskeramiken eingeteilt werden, wobei sich letztgenannte Kategorie in Struktur- und Funktionskeramik gliedert (Abbildung 2-19).

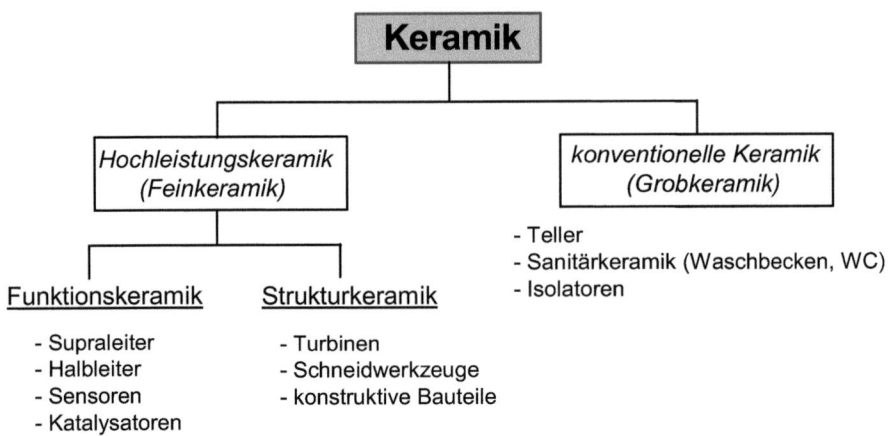

Abbildung 2-19: Einteilung und Anwendungsbeispiele für Keramiken.

In Tabelle 2-5 sind die Eigenschaften von Hochleistungskeramiken zusammengefasst. Nachteilig sind allerdings ihre geringe Verformbarkeit (hohe Sprödigkeit) und der schlechte Abbau von Spannungen. Daher sind sie anfällig gegen thermische oder mechanische Schockeinwirkungen. Des Weiteren besitzen Hochleistungskeramiken keine Duktilität, die Hartbearbeitung ist aufwendig und die Herstellungskosten sind teilweise sehr hoch.

Tabelle 2-5: Eigenschaften von Hochleistungskeramiken.

EIGENSCHAFTEN			
mechanisch	**elektrisch**	**thermisch**	**chemisch/biologisch**
• hohe Härte	• isolierend	• hohe zulässige	• korrosionsbeständig
• hohe Festigkeit	• (supra-)leitend	Einsatztemperatur	• witterungsbeständig
• Verschleißfest	• Durchschlags-	• wärmeleitfähig/	• physiologisch
• formstabil	fest	wärmeisolierend	verträglich
• niedrige Dichte	• Ferroelektrisch	• Wärmedehnung	• lebensmittel-
	• piezoelektrisch	• formbeständig	verträglich
			• katalytisch aktiv

Keramische Werkstoffe besitzen im Vergleich zu Metallen geringere Dichten, einen kleineren thermischen Ausdehnungskoeffizienten und eine geringere elektrische Leitfähigkeit (Abbildung 2-20). Das ZrO_2 nimmt in diesem Zusammenhang eine

Sonderstellung ein, da Dichte und Ausdehnungskoeffizient ähnlich denen von Metallen sind.

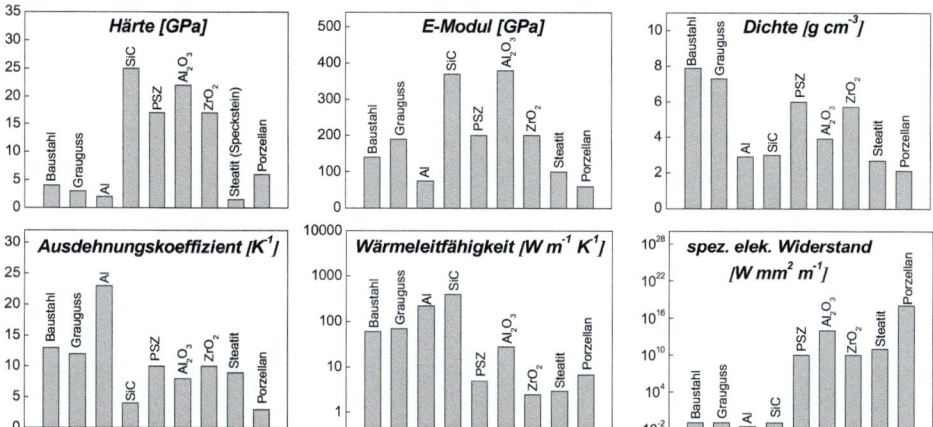

Abbildung 2-20: Härte, E-Modul, Dichte und Wärmeleitfähigkeit von ausgewählten Hochleistungsmaterialien im Vergleich zu Metallen. [79]

Die Vielzahl der positiven Eigenschaften der Hochleistungskeramiken ermöglicht ein breites Anwendungsfeld im Maschinen- und Anlagenbau, im Pumpen- und Armaturenbau, in der Metallverarbeitung, im Motoren- und Turbinenbau, in der Chemie- und Verfahrenstechnik, im Ofenbau und der Brenntechnik, der Medizintechnik sowie der Elektrotechnik und Elektronik.

2.3.3.1 Strukturkeramiken

Aufgrund ihrer mechanischen und thermischen Eigenschaften – wie Hitzebeständigkeit, Verschleißfestigkeit, Härte, Bruchfestigkeit, geringe thermische Leitfähigkeit und Ausdehnung – ergibt sich für Strukturkeramiken ein breites Anwendungsspektrum.
Zu diesen zählen unter anderem:

- Präzisionskugeln für Kugelventile
- Ventilsitze
- Mahlkörper für Mühlen (Farben-/Lackindustrie, Keramikindustrie, Pflanzenschutz, Kosmetik, Pharmazie)
- Rollen und Führungen für die Formung von Metallrohren

- Gewinde- und Drahtführungen
- Extrusionswürfel für heiße Metalle
- Würfelförmige Presswerkzeuge
- Pumpenwellendichtungen

Neben ZrO_2 sind Aluminiumdioxid (Al_2O_3), Siliziumnitrid (Si_3N_4), Siliziumcarbid (SiC) oder Titancarbid (TiC) als Beispiele für Strukturkeramiken zu nennen. Dabei zeichnet sich ZrO_2-Keramik durch das Phänomen der Umwandlungsverstärkung aus, welches zur Erklärung der Festigkeit genannt wird (siehe Kapitel 2.3.1)

2.3.3.2 Funktionskeramiken

Funktionskeramiken reagieren im Vergleich zu Strukturkeramiken auf ein extern mechanisch, thermisch, elektrisch, magnetisch, optisch, chemisch oder nuklear aufgeprägtes Signal (Anregung). Dieses Verhalten wird in der Steuer- oder Regelsignaltechnik genutzt.

Insbesondere ZrO_2-Keramiken haben in den letzten Jahren an Bedeutung gewonnen. Als Gründe sind vor allem ihre gute Sauerstoffionenleitfähigkeit, Permeabilität und Verträglichkeit zu nennen. Im Vergleich zu anderen Hochleistungsmaterialien (Al_2O_3, SiC, SiO_2, Cu) besitzt ZrO_2 eine niedrigere Wärmeleitfähigkeit.

Spezielle Anwendungsmöglichkeiten von ZrO_2 als Funktionskeramiken sind:

- Sauerstoffsensoren
- Hochtemperatur-Induktionsheizelemente
- Dielektrische Komponenten
- Membrane für Brennstoffzellen
- Heizelemente für Elektrische Öfen über 2000 °C in oxidierender Atmosphäre
- Farbpigmentherstellung
- medizinische Anwendungen in Form von Zahnkronen und Hüftgelenken
- synthetische Schmucksteine.

Für die Herstellung von Funktionskeramiken bedarf es Kenntnissen aus der Physik, der Chemie, der Werkstoffwissenschaft, der Elektrotechnik und der Strukturmechanik. Hohe Rohstoffqualität und feindisperse Ausgangsstoffe, die Vielzahl von Formgebungs- und Verarbeitungstechnologien sowie die Kombination von Beschichtungs- und Verbundtechnologien ermöglichen eine Einstellung anwenderspezifischer Parameter und bestätigen das hohe Innovationspotential der Funktionskeramiken.

2.3.3.3 Kohlenstoffhaltige ZrO2-Keramiken

Der Zusatz von Kohlenstoff führt bei Keramiken zu einer niedrigen Wärmedehnung, was eine ausgezeichnete Beständigkeit gegen Temperaturwechsel zur Folge hat. [80]

Der Einfluss von Kohlenstoff auf die Stabilität von ZrO_2-Keramiken ist bisher nur bedingt untersucht worden. *Wang* und *Liang* [81] befassten sich mit der Stabilität der kristallinen Phasen in Abhängigkeit vom Kohlenstoffgehalt. Sie zeigten, dass der Anteil der tetragonale Phase in m-ZrO_2 sowie 2 - 3 %igem YSZ mit steigendem C-Gehalt zunimmt und dadurch zu einer Verbesserung der mechanischen Eigenschaften führt.

Ähnliche Ergebnisse erzielten auch *Yang et al.* [82]. Sie untersuchten vor allem die Sinterung kohlenstoff-haltiger ZrO_2-YSZ-Keramiken. Der Zusatz von Kohlenstoff zu ZrO_2 mit 3 mol-% YSZ führt bei einer zweistufigen Sinterung zu dichteren Microstrukturen und feineren Korngrenzen im Vergleich zu kohlenstofffreiem ZrO_2-YSZ. Bezüglich der *Vickers* Härte und Bruchzähigkeit zeigen die Keramiken bei einem C-Gehalt von 1,5 % die besten Resultate.

Bernstein et al.[83] untersuchten den Einfluss des Kohlenstoffgehaltes auf ZrO_2-Pulver näher. Als Precursoren kamen Zirkonylacetat und amorphes sowie kristallines Acetat zum Einsatz. Nach der Wärmebehandlung bei 850 - 950 ℃ zeigten die Pulver mit kristallinem Acetatzusatz – im Vergleich zu denen mit amorphem – einen schnelleren Abfall des Kohlenstoffanteils, sowie größere Kristallite. Um diesen Effekt genauer zu untersuchen, haben sie den C-Anteil künstlich erhöht (Zugabe von Zucker vor der Sinterung) bzw. abgesenkt (Ausheizen des amorphen Acetats bei 400 °C mit anschließendem Tempern). Die Pulver mit Zuckerzusatz wiesen im Vergleich zu denen ohne Zusatz kleinere Kristallite auf, während die Reduzierung des C-Gehaltes größere Kristallite mit einer höheren Dichte zur Folge hatte.

Schlussfolgernd lässt sich sagen, dass der Anteil an Kohlenstoff maßgeblich die Morphologie des ZrO_2 beeinflusst und im Rahmen dieser Arbeit näher betrachtet werden soll.

3 Ergebnisse & Diskussion

3.1 ZrO$_2$-Sole – Synthese und Eigenschaften

Gegenstand dieser Arbeit ist die Herstellung von ZrO$_2$-Keramikschichten mittels Sol-Gel-Technik, wobei ein Polymer-Sol als Ausgangskomponente dient. Zirkonium-tetra-*n*-propoxid (ZTP) stellt die Zirkoniumquelle dar. Um eine vollständige Hydrolyse und unkontrollierte Niederschlagsbildung zu verhindern, wird Acetylaceton als Chelatisierungsmittel zugegeben. Die Wasserzugabe zu dem Zr–O-Chelatkomplex führt zur partiellen Hydrolyse und anschließend zur Polykondensation und damit zur Vernetzung der Metallalkoholate. Dabei bildet sich eine kolloidale Polymerpartikel-Lösung, die als Sol bezeichnet wird. An ein Sol werden verschiedene Anforderungen gestellt:

- homogene Durchmischung
- keine Präzipitatbildung
- konstante Partikelgröße (keine Agglomeration)
- Langzeitstabilität
- Reproduzierbarkeit

In Bezug auf die Beschichtung soll das Sol einen definierten Schichtdickenbereich abdecken sowie nur geringe Verspannungen hervorrufen. Daher werden zur Stressrelaxation Decanol und für Schichtdicken oberhalb 200 nm zusätzlich PEG zugesetzt. Dadurch variiert die Viskosität der hergestellten Sole, was zur Abdeckung eines größeren Schichtdickenbereiches (angestrebt sind 20 bis 450 nm) führt. Um Sole mit sehr niedrigen Viskositäten – bei gleichzeitig niedrigen Verspannungen – zu erhalten, wurden bei den Solen ohne PEG-Zusatz die Hälfte des Decanols durch Propanol ersetzt.

Die Qualität der resultierenden Schicht hängt sehr stark von den Ausgangsstoffen ab. Vor allem die Bildung von Wirbelmustern lässt sich durch eine geeignete Wahl des Lösungsmittels steuern. Die Ursache für diese Wirbel liegt in den unterschiedlichen Verdampfungsraten der Lösungsmittel. Durch Abdestillieren aller leicht verdampfbaren Stoffe bei der Sol-Synthese (Bildung des Roh-Sols) und Ersatz mit höher siedendem Pentanol konnte die Ausbildung dieser Wirbelmuster stark reduziert werden. Partikeldefekte, deren Ursache Schwebstoffe im Sol sind, können durch eine Druckfiltration (Porendurchmesser: 0,2 µm) minimiert werden.

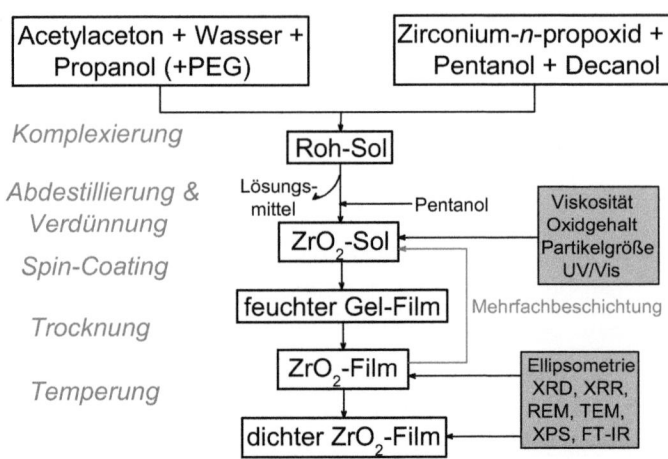

Abbildung 3-1: Prozessabfolge für die Herstellung von ZrO₂-Keramikschichten inklusive der angewandten Analysemethoden.

Das in Abbildung 3-1 dargestellte Schema illustriert die einzelnen Verfahrensschritte zur Herstellung der ZrO_2-Schichten über das Sol-Gel-Verfahren, wie sie auch im Rahmen dieser Arbeit angewendet wurden. Im Weiteren soll der Einfluss des Polyethylenglykols auf die Schichteigenschaften im Vergleich zu Filmen ohne Zusatz untersucht werden.

3.1.1 Beständigkeitsuntersuchungen

Die Partikel der kolloidalen ZrO_2-haltigen Lösung neigen generell zur Agglomeration, da auf diese Weise die Oberfläche verringert und ein energieärmerer Zustand erreicht wird. Daher sollte das Sol instabil sein und zur Präzipitation neigen. Durch Modifizierung des suspensierenden Mediums kann die Partikelladung kontrolliert werden. Dazu zählen pH-Wertänderung und Zusatz von Ionen zur Lösung. Eine andere Methode ist der Einsatz von oberflächenaktiven Zusätzen, die direkt an der Kolloid-oberfläche adsorbiert werden und so die Sol-Eigenschaften gezielt beeinflussen.

Aufgrund der Stabilisierung mit Acetylaceton werden die Wechselwirkungen der Teilchen im Sol gering gehalten, so dass die Vereinigung der kleinen Teilchen zu größeren verhindert wird und kein „Ausflocken" sichtbar ist. In Abhängigkeit von der Zeit als auch von den Lagerungsbedingungen kommt es zu einer Farbintensivierung des Sols, wie in Abbildung 3-2 gezeigt. Das anfangs hellgelbe Sol wird dunkler – bei den Proben mit PEG-

Zusatz ist dies noch deutlicher zu erkennen. Dieser Effekt kann durch Lagerung im Kühlschrank verzögert werden.

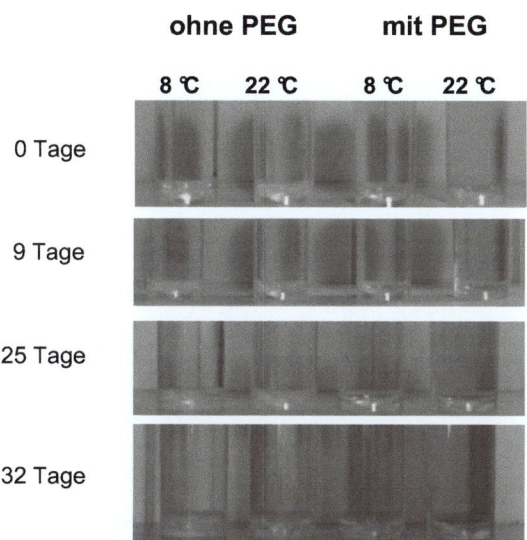

Abbildung 3-2: Farbänderung der Sole in Abhängigkeit vom Probenalter und der Lagerungstemperatur.

Mittels UV/Vis-Spektroskopie wurde diese Farbänderung genauer untersucht. Im Vergleich zu Elektronenspektren von Atomen mit „Linien", zeigen die Schwingungs- und Elektronenspektren von Molekülen „Banden". Diese Banden sind auf eine Überlagerung von Elektronen-, Schwingungs- und Rotationsanregungen zurückzuführen. Das UV/Vis-Spektrum eines Übergangsmetallkomplexes lässt sich in drei Bereiche unterteilen [27]:

- 200 - 350 nm: Ligand-Übergänge
- 350 - 500 nm: *Charge-Transfer*
- 500 - 700 nm: Metall-Übergänge

In Abbildung 3-3 sind die UV/Vis-Spektren von vier unterschiedlichen Solen bei unterschiedlichen Lagerbedingungen gezeigt. Vor allem im Bereich der Ligand-Übergänge (200 - 320 nm) und im *Charge-Transfer*-Bereich (320 - 500 nm) sind ausgedehnte Absorptionsbanden zu erkennen. Aufgrund der d^0-Konfiguration des Metall-Ions Zr^{4+} weisen die Spektren keine $d \rightarrow d$-Übergänge auf. Des Weiteren neigt das Zirkoniumion in seinen Komplexen zu verzerrten Geometrien, da es keine Ligandenfeld-stabilisierung erfährt. Laut dem HSAB-Prinzip von *Pearson* (*Hard and Soft Acids and Bases*) ist ein Komplex aus der harten Säure Zr^{4+} und der harten Base $acac^{2-}$ besonders stabil.

Das Absorptionsmaximum von PEG-freiem Sol (Lagerung bei 8 ℃) liegt bei 325 nm, und ist damit um 5 nm niedriger als die, der anderen untersuchten Proben.

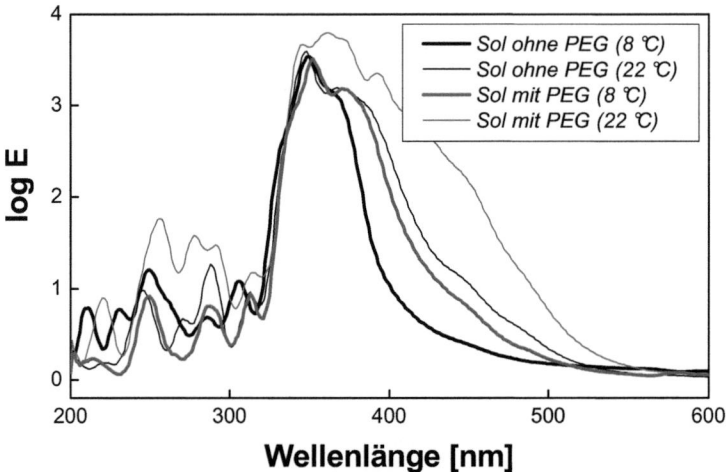

Abbildung 3-3: UV/Vis-Spektren verschiedener Sole mit und ohne PEG bei verschiedenen Lagerungsbedingungen, jeweils nach 3 Wochen Lagerzeit.

Im Bereich der Ligand-Übergänge zeigt sich der Einfluss des Acetylacetons. Freies Acetylaceton hat bei ca. 270 nm einen $\pi \rightarrow \pi^*$ -Übergang, welcher durch die Komplexbildung mit dem Metallion in den längerwelligen Bereich verschoben wird. In Tabelle 3-1 sind die Extinktions-/Wellenlängenmaxima und die Lage der Zr–O-Schwingung $\lambda_{Zr\text{-}O}$ zusammengefasst.

Der Ausgangsprecursor weist schon eine leichte Gelbfärbung auf, die auf die Elektronenübertragung vom Propoxidliganden zum Zirkonium zurückzuführen ist, daher ist im *Charge-Transfer*-Bereich mit Banden zu rechnen. Im UV/Vis-Spektrum zeigt die intensive Gelbfärbung in Form einer Verschiebung der Bande zu größeren Wellenlängen (*bathochrom*).

Tabelle 3-1: Extinktionsmaxima und dazugehörige Wellenlängen der Sole nach 3 Wochen Lagerung, sowie die Wellenlänge vom Zirkonium-Acetylaceton-Komplex.

SOL		ε_{max}	λ_{max}	$\lambda_{Zr\text{-}AcAc}$ (Lit.[84]: 292 nm)
			nm	nm
mit PEG	8 °C	3,508	352	291
	22 °C	3,797	361	291
ohne PEG	8 °C	3,535	350	291
	22 °C	3,589	351	305

Für diese Farbänderung können sowohl der Elektronenübergang vom Acetylaceton zum Zirkonium [85], als auch eine vermehrte Bildung von Polymeren (bei Metallalkoxiden der I und II Hauptgruppe konnte eine Farbabschwächung mit steigendem Polymerisationsgrad beobachtet werden [86]) über den betreffenden Zeitraum in Frage kommen. Da sich der Effekt beim Sol mit PEG-Zusatz im direkten Vergleich deutlicher zeigt (Abbildung 3-2), ist der Anstieg der Polymerisation als Ursache wahrscheinlicher. Die Molekulare Komplexität erhöht sich während der Sol-Synthese, eine Alterung – wie bei Silizium-Alkoxiden – ist aufgrund der höheren Reaktivität des Zirkoniumprecursors nicht erforderlich. Durch geeignete Charakterisierungsmethoden können die Sole bezüglich ihrer Zusammensetzung sowie Partikelgröße untersucht werden und auf diese Weise Rückschlüsse auf die Prozesse in Abhängigkeit von der Zeit und den Lagerungsbedingungen gezogen werden.

Ob die Luftfeuchtigkeit einen Einfluss auf die Sol-Eigenschaften hat, wurde mittels Bestimmung des Restwassergehaltes nach *Karl Fischer* [87] untersucht. Das angewandte Verfahren beruht auf der Redoxreaktion von SO_2 und I_2 in Gegenwart von H_2O (*Bunsen-*Reaktion). Bei diesem Vorgang wird Wasser stöchiometrisch verbraucht. Der Endpunkt der Titration wird durch eine Gelbfärbung angezeigt.

An Stichproben von PEG-haltigen Solen bei verschiedenen Lagerbedingungen (8 °C/22 °C) in einem Zeitraum von 3 Wochen zeigte sich, dass die Sole einen konstanten Wassergehalt von < 1 mg ml^{-1} aufweisen. Der Wasseranteil ist vor allem auf die Zugabe des Lösungsmittels nach der Destillation bei der Sol-Synthese zurückzuführen. Es wird bei den verschiedenen Lagerungsbedingungen keine Zunahme des Wassergehaltes beobachtet.

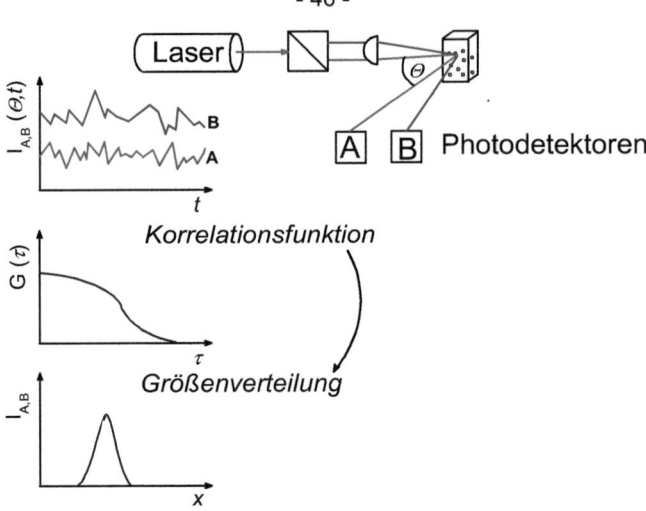

Abbildung 3-4: Schematische Darstellung der Dynamischen Lichtstreuung (DLS).

Mit Hilfe der dynamischen Lichtstreuung (DLS) wurden das durch Hydrolyse und Kondensation gebildete Sol charakterisiert. In Abbildung 3-4 ist die Methode der DLS schematisch dargestellt. Diese optische Messmethode basiert auf der Abhängigkeit der Lichtstreuung von der Teilchengröße in Bezug auf das umgebende Medium. Dabei kann es durch Konvektion, Sedimentation und Konglomeratbildung zu Beeinträchtigungen kommen. Mittels der *Stokes-Einstein*-Beziehung ist die Größe der lichtstreuenden Partikel ermittelbar:

$$D = \frac{k_B T}{6 \pi \eta r} \tag{3-1}$$

D	Diffusionskoeffizient [J m^2 s^{-1}]
k_B	*Boltzmann*-Konstante [J K^{-1}]
T	Temperatur [K]
η	Viskosität des Lösungsmittels [N s m^{-2}]
r	hydrodynamischer Radius [m]

Anhand der vom Messsystem generierten Rohdaten, wird – bei konstanter Temperatur und Viskosität – die Autokorrelationsfunktion gebildet und aus deren Anstieg die mittlere Partikelgröße berechnet. Als Maß für die Breite der Verteilung steht der Polydispersitätsindex, der Werte zwischen 0 (monomodal) und 1 (extrem breit verteilt) annehmen kann. Mittels Kumulantenmethode lässt sich aus den Rohdaten eine

Partikelgrößenverteilung berechnen, die intensitätsgewichtet (6. Potenz) ist und die unter Berücksichtigung des Brechungsindex von Partikeln und Fluid in eine volumengewichtete Verteilung umgerechnet werden kann.

Die Grenzen dieses Messverfahrens sind durch die Sedimentation der Partikel und durch die Lichtintensität des Lasers vorgegeben. Eine weitere Fehlerquelle ist die Konzentration der Suspension. Je höher diese ist, desto eher kommt es zu Mehrfachstreuungen und damit zu stärker schwankenden Lichtintensitäten. Infolge dessen werden kleinere Teilchen vorgetäuscht. Die Messung sollte daher in möglichst verdünnter Lösung durchgeführt werden. Aufgrund der Tatsache, dass die tatsächlichen Effekte in der Lösung untersucht werden sollten, wurden die Sole direkt gemessen und nicht weiter verdünnt.

In Abbildung 3-5 ist die Partikelverteilung des Sols ohne und mit PEG-Zusatz dargestellt. Der mittlere Teilchendurchmesser beträgt für PEG-haltige Sole 6,5 nm. Die Fraktion mit einem mittleren Durchmesser von 37,8 nm deutet auf eine Agglomeration der Partikel hin. Wohingegen Partikelgrößen von über 1900 nm den organischen Bestandteilen im Sol (vor allem PEG) zugeordnet werden können. In Abwesenheit von PEG lag die Partikelgröße bei durchschnittlich 2,7 nm, daneben wurde eine Fraktion bei 396 nm und 5560, die sich hinsichtlich der Größe und Intensität den organischen Bestanteilen (PEG, Acetylaceton, Alkohole) sowie Konglomeraten zuordnen lassen. Das prozentuale Verhältnis der jeweiligen 3 Fraktionen liegt bei 78 : 14 : 8.

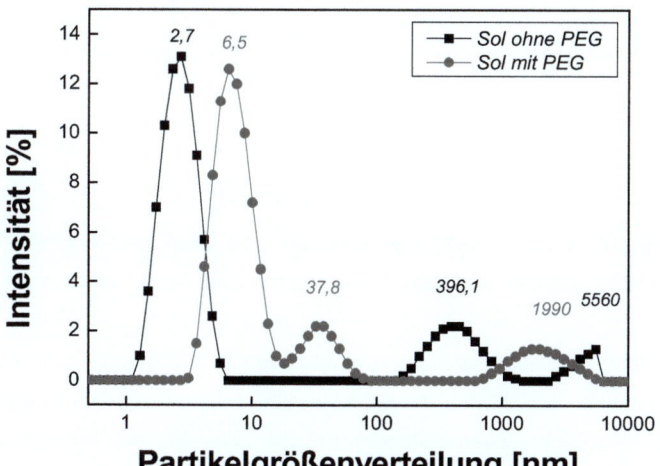

Abbildung 3-5: Größenverteilung der in dem Sol ohne und mit PEG-Zusatz enthaltenen Teilchen. Die Linien dienen zur Veranschaulichung des Trends.

In Abbildung 3-6 sind die mittleren Partikelgrößen in Abhängigkeit von der Lagerungszeit für ein Sol ohne und eines mit PEG dargestellt. Es fällt auf, dass die Partikelgrößen über denen der Hauptfraktion der jeweiligen Partikelgrößenverteilung liegen. Die unterschiedlichen Auswertemodi und die sehr breite Verteilung der Partikelgrößen bedingen diesen großen Unterschied. Die Reproduzierbarkeit der Messungen bezogen auf die mittlere Partikelgröße beträgt ± 5 %.

Die Partikelgröße beim PEG-freien Sol verändert sich während des Untersuchungszeitraumes nur geringfügig und liegt bei ungefähr 4 bis 6 nm. Das Sol mit PEG-Zusatz zeigt Partikelgrößen von durchschnittlich 12 nm (8 ℃) und 15 nm (22 ℃). Erst nach über 30 Tagen ist bei der Probe, die im Kühlschrank aufbewahrt wurde, ein Anstieg der Partikelgröße auf 20 nm zu verzeichnen. Aufgrund der Teilchengröße im Bereich von 3 bis 24 nm handelt es sich um ein molekular- und kolloiddisperses System.

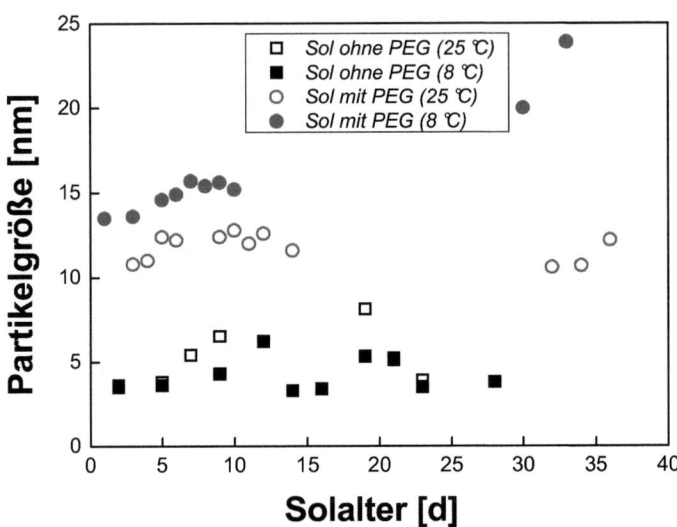

Abbildung 3-6: Mittlere Partikelgröße eines Sols ohne und mit PEG-Zusatz in Abhängigkeit von der Lagerungszeit und Lagertemperatur.

Eine Zunahme der Partikelgröße sollte Auswirkungen auf die rheologischen Eigenschaften des Sols haben, was für die Schichtabscheidung beim Spin-Coating-Verfahren von großer Bedeutung ist. In diesem Zusammenhang wird die Viskosität als charakteristische Größe betrachtet. Sie ist ein Maß für die Reibungskräfte zwischen den gelösten Partikeln in einer Flüssigkeit und beeinflusst maßgeblich das Beschichtungsergebnis. In der Literatur wurde der folgende empirische Zusammenhang zwischen Schichtdicke d und Viskosität η gefunden: [88]

$$d \propto \frac{\eta^{\gamma} \cdot \left(\dfrac{c}{c_0}\right)^{\beta}}{\omega^{\alpha}} \tag{3-2}$$

c	Partikelkonzentration [l^{-1}]
c_0	Partikelkonzentration am Anfang [l^{-1}]
ω	Rotationsgeschwindigkeit [rad s^{-1}]
α, β, γ	experimentell bestimmte Exponenten

Die Viskositäten der frisch hergestellten Sole betragen 3,5 mPa s (ohne PEG) bzw. 22 mPa s (mit PEG). Es wurde kein Einfluss der Lagerdauer auf die Viskositäten festgestellt (Abbildung 3-7). Partikelgrößen- und Viskositätsänderungen sind innerhalb des Untersuchungszeitraumes gering, so dass das Sol über einen längeren Zeitraum verwendet werden kann, was insbesondere für technische Anwendungen von Bedeutung ist.

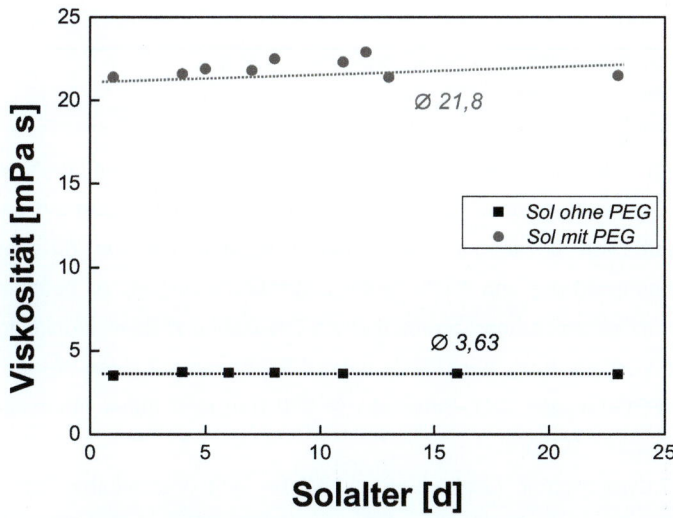

Abbildung 3-7: Viskosität des Sols ohne und mit PEG-Zusatz in Abhängigkeit von der Dauer und Temperatur der Lagerung (Fehler: ± 5 %). Die gepunkteten Linien dienen zur Veranschaulichung des Trends.

Im Rahmen dieser Arbeit wurden verschiedene Sole hergestellt, die sich bezüglich ihres Gehaltes an PEG unterscheiden und damit auch variierende Viskositäten zeigen (Tabelle 3-2). Bei einem sehr hohen PEG-Anteil, ist auch die Viskosität hoch. Die Reduzierung des Polymers hat eine Sättigung der Viskositätswerte zur Folge. Die Auswirkungen auf den ZrO_2-Gehalt sind nicht signifikant. Je zähflüssiger ein Sol ist, desto schwieriger ist es, eine homogene Beschichtung über das gesamte Substrat zu erreichen. Durch weitere Zugabe von Pentanol lässt sich die Viskosität bis auf 4 mPa s absenken. In diesem Zusammenhang kommt es auch zu einer Abnahme des relativen ZrO_2-Gehaltes im Sol, was sich allerdings in den nachfolgenden Anwendungen als nicht ausschlaggebend darstellte.

Tabelle 3-2: Viskosität und ZrO_2-Gehalt verschiedener Sol-Kompositionen (mit jeweils 42 m-% Pentanol).

PEG-GEHALT *	VISKOSITÄT	ZrO_2-GEHALT **
in %	in mPa s	in m-%
100	22,0	17,4
75	16,9	17,3
50	14,9	17,3
0	15,3	16,6

* bezogen auf die maximalen PEG-Menge im PEG-Sol von 23,89 g

** bezogen auf das jeweilige Sol

Der Beziehung zwischen Pentanolgehalt, Viskosität und Inhomogenität (Abweichung von der mittleren Schichtdicke über den gesamten Wafer) ist in Abbildung 3-8 dargestellt. Bei einer Viskosität von 8 mPa s bzw. einem Pentanolanteil von 60 Masse-%, sind Schichtdickenschwankung von 10 % (unter Labor-bedingungen) zu beobachten. Mittels Anpassung des Beschichtungsrezeptes (höhere Drehzahl und Beschleunigung) gelingt nur eine bedingte Verbesserung, aber Werte unter 5 % können auf diese Weise nicht erreicht werden. Die PEG-haltigen ZrO_2-Schichten ($\geq$ 300 nm) sind daher inhomogener als die ohne PEG-Zusatz (< 100 nm).

Anhand von dynamischer Lichtstreuung, UV/Vis- und Viskositätsmessungen konnte gezeigt werden, dass sich die Partikelgrößen und Viskositäten im Sol über einen Zeitraum von 3 Wochen nur sehr wenig verändern. Ein Einfluss dieser Parameter auf die Verfärbung der Sole konnte nicht nachgewiesen werden.

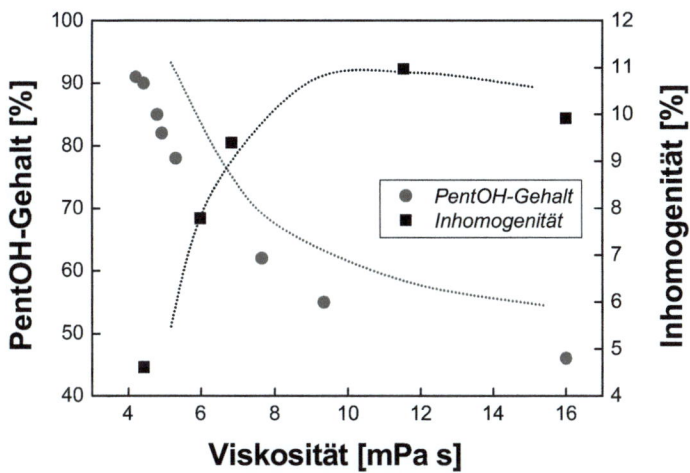

Abbildung 3-8: Einfluss des Pentanolgehaltes auf die Viskosität des Sols sowie Auswirkungen auf die Inhomogenität bei der Abscheidung bei Abwesenheit von PEG. Die gepunkteten Linien dienen zur Veranschaulichung des Trends.

3.1.2 Chemische Struktur des Sols

Sowohl dem *Raman-* als auch dem IR-Spektrum eines Materials liegen zwar die gleichen Schwingungen zu Grunde, die Anregungsprinzipien und die daraus resultierenden Spektren unterscheiden sich aber (Tabelle 3-3). Erst bei Kenntnis beider Spektren können nahezu alle schwingungsspektroskopischen Informationen des Materials ausgewertet werden.

Tabelle 3-3: Vergleich von Raman- und IR-Spektroskopie.

RAMAN-SPEKTROSKOPIE	INFRAROT-SPEKTROSKOPIE
keine Probenpräparation notwendig	Probenpräparation nötig
gute Anwendbarkeit für wässrige Lösungen	Proben sollten wasserfrei sein
Charakterisierung des Kohlenstoffgitters	Aussagen über funktionelle Gruppen
➔ *Änderung der Polarisierbarkeit* α	➔ *Änderung des Dipolmoments* μ

In Abbildung 3-9 sind die *Raman-* und FT-IR-Spektren der Edukte dargestellt. Die Alkohole Propanol, Pentanol und Decanol zeigen wie zu erwarten sehr ähnliche Spektren, die nur in den Intensitäten im *Fingerprint*-Bereich variieren, was die unterschiedlichen Kettenlängen bedingen.

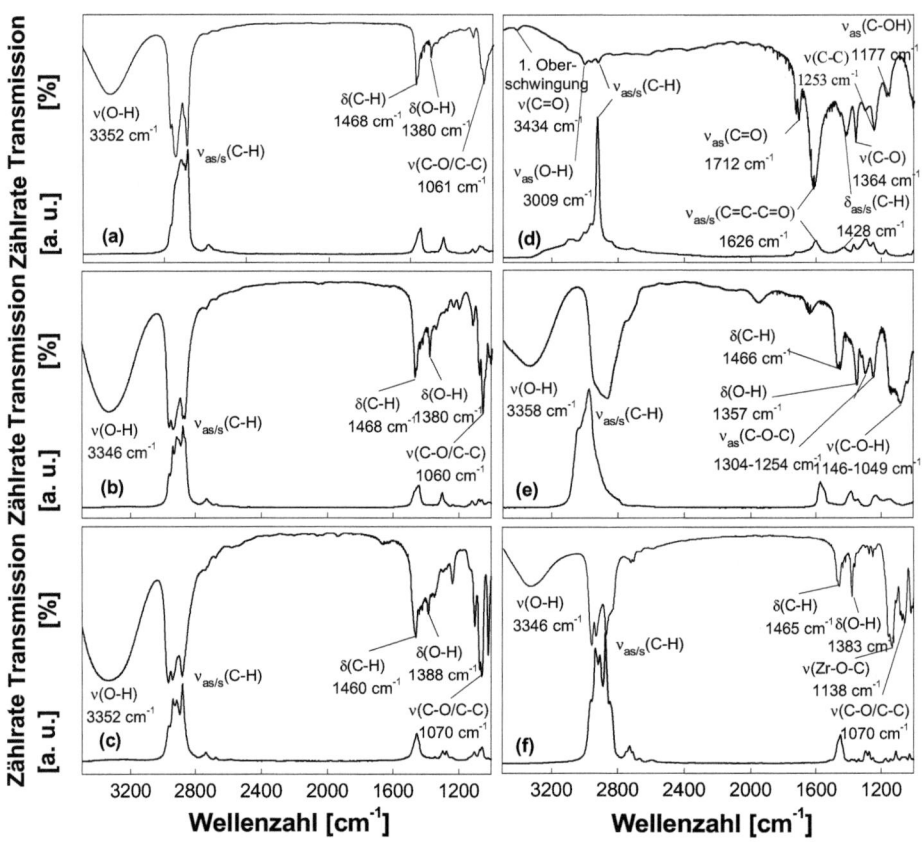

Abbildung 3-9: *FT-IR– und Raman-Spektren der Edukte: (a) Decanol, (b) Pentanol, (c) Propanol, (d) Acetylaceton, (e) Poly-ethylenglykol, (f) ZTP (70 %ige Lösung in Propanol) .*

Die O–H-Valenzschwingung von Alkoholen ist gewöhnlich im Bereich von 3650 bis 3600 cm^{-1} zu finden. Durch die Assoziation von H-Brücken, wird die Schwingung zu niedrigeren Wellenzahlen in einem Bereich von 3500 bis 2800 cm^{-1} mit einem Maximum bei ca. 3300 cm^{-1} verschoben. Acetylaceton neigt zur Keto-Enol-Tautomerie, aber die Anordnung der Carbonylgruppen begünstigt das Enol, welches im reinen, flüssigen Zustand zu 80 % vorliegt. In den Spektren des Acetylacetons wurde daher ein besonderes Augenmerk auf die Carbonyl-Gruppen gelegt. Zu den wichtigsten Schwingungen zählen die die sogenannte erste Oberschwingung bei 3434 cm^{-1}, die C=O-Valenzschwingung bei 1712 cm^{-1} und die Valenzschwingung der konjugierten C=C–C=O-Gruppe bei 1626 cm^{-1}, welche im *Raman*-Spektrum mit geringer Intensität auftaucht. Weiter sind Valenzschwingungen der chelatisierten O–H-Gruppe bei 3009 cm^{-1} und die C–OH Valenzschwingung bei 1364 cm^{-1} charakteristisch. Das FT-IR-Spektrum des ZTP in Propanol weist eine charakteristische Schwingung der Zr–O–C-Gruppe bei 1383 cm^{-1} auf, die nicht im *Raman*-Spektrum zu sehen ist. Infolge der Koordination mit Acetylaceton, werden eine Verschiebung der Zr-O-C-Schwingung sowie eine Änderung der Carbonylschwingungen erwartet.

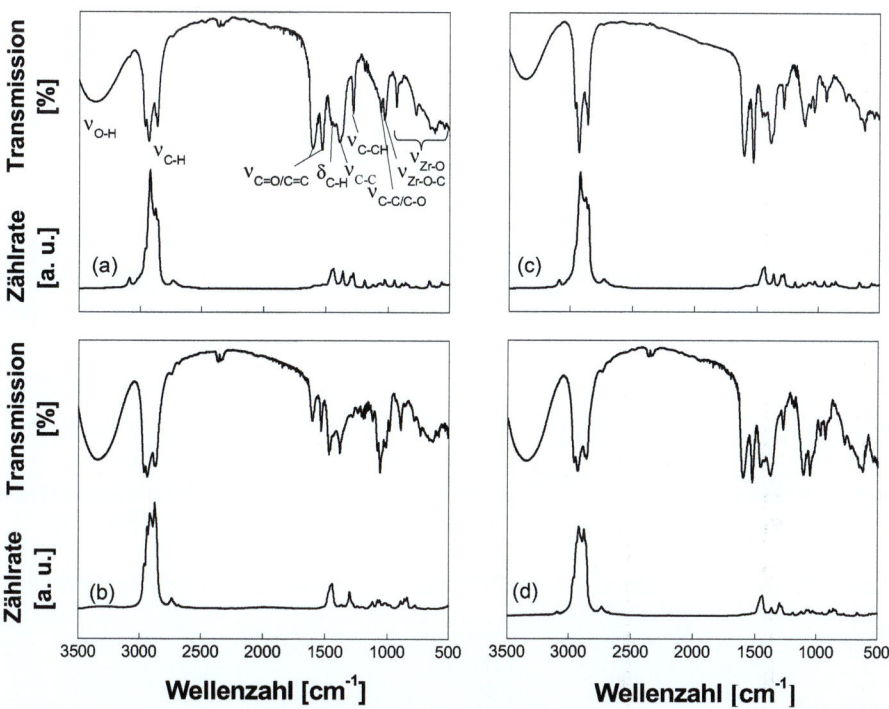

***Abbildung 3-10:** FT-IR- und Raman-Spektren verschiedener Sole: (a) Roh-Sol ohne PEG; (b) Sol ohne PEG; (c) Roh-Sol mit PEG; (d) Sol mit PEG.*

Die FT-IR- und *Raman*-Spektren von verschiedenen Solen – Roh-Sol (ohne Pentanolzusatz) und Sol jeweils mit und ohne PEG-Zusatz (siehe Experimenteller Teil Kapitel 5.3) – sind in Abbildung 3-10 gegenübergestellt. Im Vergleich zu den Einzelkomponenten ist das Fehlen der C=O-Schwingung des Acetylacetons ersichtlich, daneben sind die erste Oberschwingung sowie die Schwingung der chelatisierten Hydroxylgruppe überdeckt. Ein weiterer Unterschied ist, dass die Valenzschwingung der konjugierten C=C–C=O-Gruppe in zwei Einzelsignale bei 1600 und 1530 cm^{-1} aufgespaltet wird. Durch Zugabe des Lösungsmittels Pentanol kommt es zu Signalverstärkungen im *Raman*- und FT-IR-Spektrum.

Tabelle 3-4: *Zuordnung der Schwingungsbanden bei der Flüssigkeits-FT-IR- und Raman-Spektroskopie (s = stark, m = mittel, w = schwach).*

SCHWINGUNG	ZUORDNUNG	FT-IR	RAMAN	LITERATUR
v (O–H)	OH-Gruppen	3350 (s)	-	3350 [84] [89]
v (O–H)	chelatisierte OH-Gruppe		3080 (w); 2720 (w)	
v (C–H)	alle	2975-2850 (s)	2953-2841 (s)	2970-2834 [90]-[93]
v (C⋯O)/(C⋯C)	AcAcH (gebunden)	1600 (m); 1530 (m)	-	1600-1500 [94]
				1600-1400 [39] [41]
				1650-1530 [90]
				1617; 1526 [91]
δ(C–H)/(O–H)	alle	1463 (s); 1380 (s)	1439 (m); 1364 (m)	1460-1360 [91]-[93] [95]-[98]
δ (C–CH$_3$)	AcAcH (gebunden)	1280 (w)	1282 (w)	1280 [89] [99]
δ (C–CH$_3$)	Alkylreste	1233 (w); 1175 (w)	1187 (w)	
v (C–C/C–O)		1060 (s)	1070 (w)	
v (Zr–O–C)	AcAcH (gebunden)	1110-618 (s)	1120-656 (w)	1100-650 [89] [90] [92] [93] [97] [98] [100]-[102]
v (Zr–O)	AcAcH (gebunden)	582 (w); 543 (w)	560 (w)	600-400 [91]-[93] [97] [98]

Die Valenzschwingungen der C–O-Bindung zeigen im FT-IR-Spektrum intensive Banden und im *Raman*-Spektrum Banden von mittlerer bis starker Intensität. Die *in-plane* O–H-

Deformations-schwingungen (1420 bis 1330 cm⁻¹) und C–C-Gerüstschwingungen werden überlagert durch C–H-Deformationsschwingungen. Sehr aussagekräftig sind die C–O- und C–C-Schwingungen der am Zirkonium koordinierten Acetylacetonliganden bei 1600 cm⁻¹ und 1530 cm⁻¹. Sie sind im Vergleich zum ungebundenen Acetylaceton zu niedrigeren Wellenzahlen verschoben, was bedeutet, die Bindungslänge vergrößert sich und damit wird die Bindung schwächer. Die genauen Bandenzuordnungen sowie Literaturstellen sind in Tabelle 3-4 zusammengefasst. Zur Untersuchung der C ⁝ O- und C ⁝ C-Schwingung des Zr-AcAc-Komplexes vor und während der Hydrolyse wurde ein Zeitexperiment mit den Ausgangsstoffen vorgenommen. Dazu wurden, wie bei der Sol-Herstellung, zwei Fraktionen (Mixturen) hergestellt. Mixtur A enthielt Acetylaceton, Propanol und Wasser im Verhältnis 1,9 : 1,3 : 1 und Mixtur B bestand aus ZTP, Decanol und Pentanol (6,6 : 1 : 1).

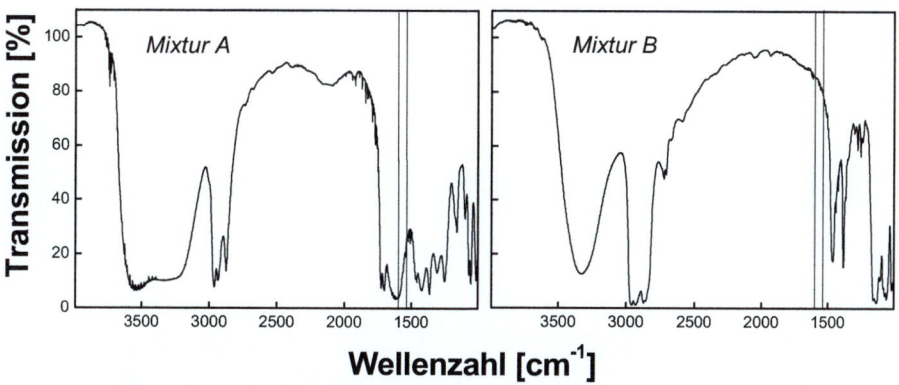

Abbildung 3-11: FT-IR-Spektren von Mixtur A bestehend aus den Komponenten Acetylaceton, Propanol und Wasser (Verhältnis 1,9:1,3:1) sowie Mixtur B bestehend aus ZTP, Decanol und Pentanol (Verhältnis 6,6:1:1). Zusätzlich sind die Lagen der v(C ⁝ O)- und v(C ⁝ C)-Schwingungen des koordinierten Acetylacetons eingezeichnet (gepunktete Linien).

In Abbildung 3-11 sind die FT-IR-Spektren der Mixturen A und B gezeigt. Eingezeichnet ist die Lage der beiden Schwingungen im koordinierten Zustand. Jeweils ein Tropfen aus jeder Mischung wurde auf eines der CaF₂-Fenster gegeben, diese wurden zusammengepresst und im FT-IR-Spektrometer jede Minute ein neues Spektrum aufgenommen. Die jeweiligen Spektren sind Abbildung 3-12 zu sehen. Es zeigt sich, dass die Carbonyl-Schwingungen des freien Acetylacetons schon nach einer Minute nicht mehr zu sehen sind und die C–O- und C–C-Schwingungen des koordinierten Acetylacetons mit geringer Intensität auftauchen. Dies bedeutet, dass die Komplexbildung innerhalb der ersten Minute abgeschlossen ist, aber es zu einer schnellen Umlagerung des Komplexes kommt, welche im IR nicht sichtbar wird. Erst durch die langsame Hydrolyse der Alkoxidgruppen am Zr-AcAc-Komplex, wird der Acetylacetonligand fester gebunden und es kommt zu keiner Intensitätschwankung der C$\because$O- und C$\because$C-Schwingung mehr.

Es wäre denkbar, dass der Acetylacetonligand, erst mit einem Sauerstoff-Atom koordiniert (η_1) und dann mit dem zweiten (η_2). Dieses Ergebnis wird durch die schnelle Wärmeentwicklung bei der Sol-Herstellung untermauert. Die exotherme Reaktion ist ein Indikator für die Bildung stabiler Bindungen (Komplexe).

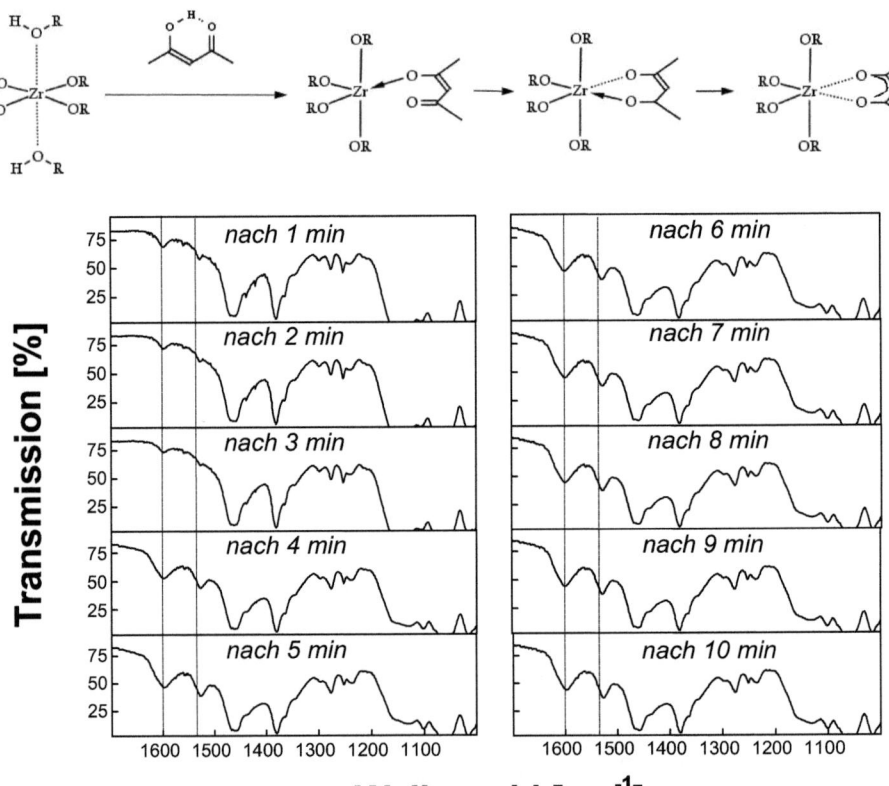

Abbildung 3-12: FT-IR-Spektren in Abhängigkeit von der Zeit nach der Zugabe von Mixtur A zu Mixtur B. Zusätzlich sind die Lagen der ν(C$\because$O)- und ν(C$\because$C)-Schwingungen des koordinierten Acetylacetons bei 1600 und 1530 cm^{-1} eingezeichnet.

Durch Messung der resultierenden Schichtdicke und des Brechungsindices der Schicht sowie der Viskosität des Sols wurde die Langzeitstabilität der verwendeten Sole untersucht. Über einen Zeitraum von über 30 Tagen sind die untersuchten Sole stabil, d. h. sie zeigen Werte, die im Fehlerbereich liegen. Außer der Dunkelfärbung sind keine Veränderungen der Sole, z. B. Ausflockungen oder Schlieren, zu beobachten. Bei Lagerung im Kühlschrank kann die Haltbarkeit über einen Monat hinaus verlängert werden. Das Sol sollte möglichst dicht verschlossen, in einer braunen Glas-Flasche gelagert werden. Vorteilhaft ist auch die Handhabung unter Gelblicht, zur Vermeidung unerwünschter Polymerisations-reaktionen.

3.2   Der Spin-Coating-Prozess

3.2.1 Erstellung und Optimierung des Beschichtungsrezeptes

Der Spin-Coating-Prozess kann in verschiedene Abschnitte unterteilt werden: Applikation des Sols, Verteilung über die Substratoberfläche, Abschleudern von überschüssigem Sol und Trocknung. Als Vorlagen für das Beschichtungsrezept dient die Abscheidung von Lithographielacken auf 300 mm-Siliziumwafern. Da sich Lithographielack und Sol bezüglich der Viskosität und dem Benetzungs-verhalten unterscheiden, muss das Rezept angepasst und die einzelnen Schritte genau aufeinander abgestimmt werden. Abbildung 3-13 verdeutlicht den Prozessablauf schematisch.

Zu Beginn wird der Wafer auf dem Substrathalter (*Chuck*) zentriert, das ist sehr wichtig zur Vermeidung von Schwingungen, die sich negativ auf die Beschichtung auswirken und im schlimmsten Fall zum Bruch des Wafers während des Prozesses führen können. Der Wafer wird anschließend für 15 s bei 1500 U min^{-1} in Rotation versetzt (Beschleunigung während des gesamten Programms: 14 U s^{-2}) und ein sogenanntes *pre-wet* (Vorbenetzung des Wafers) mit Propanol mittels einer handelsüblichen Spritze durch eine Öffnung im Spin-Coater durchgeführt. Dadurch wird gewährleistet, dass bei der sich anschließenden dynamischen Sol-Applikation (Druck: 68,9 kPa, siehe Kapitel 5.1.2) das Sol gleichmäßig und schnell auf der Substratoberfläche verteilt (*Spin-on*). Im Vergleich zur statischen Applikation wird so mehr als 50 % der Sol-Menge eingespart.

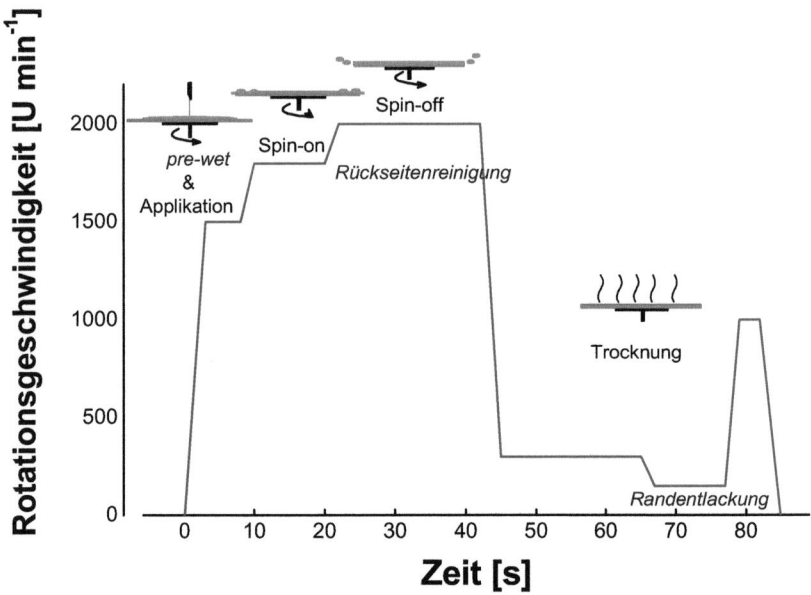

Abbildung 3-13: Schematische Darstellung des angewendeten Beschichtungs-rezeptes unter Laborbedingungen.

Überschüssiges Sol wird im folgenden *Spin-off* bei 2000 U min^{-1} abgeschleudert. In diesem Schritt erfolgt auch durch geeignete Wahl der Geschwindigkeit und Dauer die Einstellung der Schichtdicke nach einem entsprechenden Kräftegleichgewicht (Scherkraft = viskose Kraft) sowie die Rückseitenreinigung mit PGMEA (Propylenglykolmonomethyl-ethylacetat bzw. 1-Methoxy-2-propylacetat). Währenddessen verdunstet das Lösungs-mittels und der Film verfestigt sich. Nach Reduktion der Drehzahl auf 150 U min^{-1} erfolgt die Entfernung der Lackwulst am Rand. Um eine Diffusion des Lösungsmittels PGMEA zu verhindern wird der Wafer noch einmal für 3 s auf 1000 U min^{-1} beschleunigt. Der resultierende Film ist lediglich angetrocknet und muss sorgsam gehandhabt werden.

3.2.2 Schichtdickenabhängigkeiten

Die Schichteigenschaften, vor allem die Schichtdicke, werden erheblich von der chemischen Zusammensetzung des Sols, den Abscheidungsbedingungen sowie den anschließenden Wärme-behandlungsparametern beeinflusst. Die Einflussgrößen sind in einem Ursache-Wirkungs-Diagramm nach *Ishikawa* in Abbildung 3-14 veranschaulicht.

Die Geschwindigkeit (2000 U min^{-1}), Beschleunigung (14 U s^{-2}) und Dauer (1,5 min) wurden bei jeder Beschichtung unter Laborbedingungen konstant gehalten.

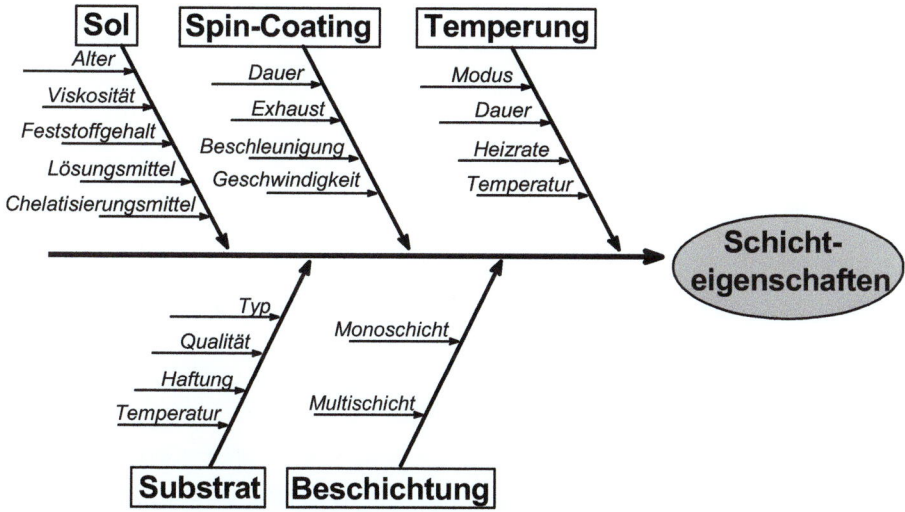

Abbildung 3-14: Ishikawa-Diagramm zur Darstellung der Einflussfaktoren auf die resultierende Schichteigenschaften.

Einen erheblichen Einfluss auf die resultierende Schichtdicke und deren Uniformität hat die Abluft (*Exhaust*) während der Beschichtung. Durch den kontinuierlichen Abzug der Lösungsmitteldämpfe erfolgt die Trocknung der Gel-Schicht deutlich schneller, was eine größere Schichtdicke zur Folge hat.

Nachteilig sind aber die Inhomogenitäten über den gesamten Wafer bei stärkerem *Exhaust* durch Verwirbelungen der Luftschichten (Abbildung 3-15). Eine Abluftleistung von 0 % bei der Sol-Applikation sowie beim *Spin-on* und *Spin-off* sorgt für eine gesättigte Lösungsmittelatmosphäre und somit zu einer sehr geringen Verdampfung der im Sol enthaltenen Lösungsmittel. Danach ist die Schichtdicke und Uniformität eingestellt und es erfolgt das Antrocknen der Schicht bei höherer Umdrehungszahl und 100 % *Exhaust*. Dadurch ist eine homogene Abscheidung gewährleistet und die Schicht wird optimal vorgetrocknet.

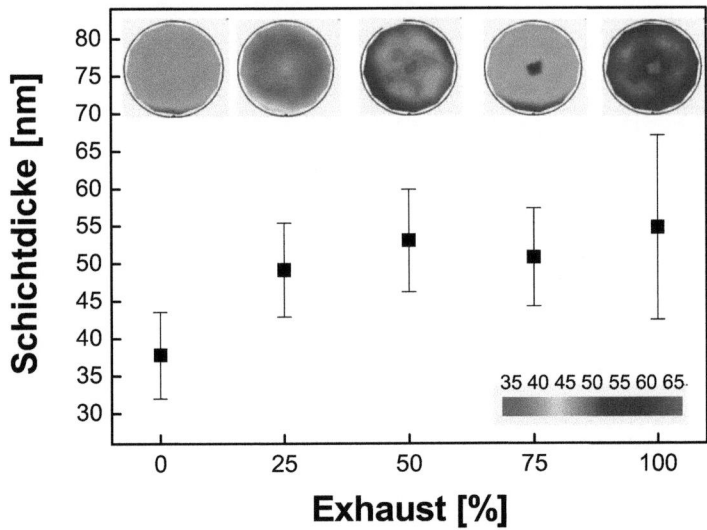

Abbildung 3-15: Einfluss des Exhaust auf die Schichtdicke. Die Fehlerbalken geben die Schichtdickenschwankung über den Wafer wieder.

Ein großes Problem stellt die fehlende Reproduzierbarkeit der Schichtdicken unter Laborbedingungen dar. Die Ursachen sind in der teilweisen manuellen Bedienung zu finden. Vor allem das Öffnen und Schließen des Deckels aufgrund von Beladung, Zentrierung – teilweise mehrfach notwendig – sowie Entladung des Wafers, führt zu Schwankungen in der Atmosphäre, was sich wiederum auf die Schichtdicke auswirkt (Abbildung 3-15). Ein weiterer Grund sind unterschiedliche Zeiten bei der Prozessierung, da ein gleichmäßiger Prozesszyklus nicht gewährleistet werden kann. Versuche auf einem vollautomatischen Spin-Coater sollen zu einer Verbesserung der Reproduzierbarkeit sowie der Schichtqualität beitragen.

3.2.3 Defektvermeidung

Da es sich um eine Flüssigabscheidung handelt, kann es sehr schnell zu Defekten – wenn sie auch mit dem bloßen Auge kaum zu sehen sind – in der Schicht kommen, die bei der anschließenden Wärmebehandlung zu großen Defektbildern führen können. Zu den häufigsten Defekten zählen Wirbelmuster (engl.: *striations*), Poren (engl.: *pinholes*) und Kometen (Abbildung 3-16). Besonders Partikel jeglicher Art und Größe wirken sich sehr negativ auf eine Anwendung als Hartmaske aus, da diese durch die Ätzgase noch verstärkt werden und damit ein viel größerer Bereich betroffen ist, als die eigentliche Defektgröße. Die Ursachen für diese Defekte liegen z. B. bei unterschiedlichen Verdampfungsraten der Lösungsmittel infolge von Luftverwirbelungen, Haftproblemen, Partikeln aus dem Sol und der Umgebung sowie in einer zu hohen Viskosität des Sols.

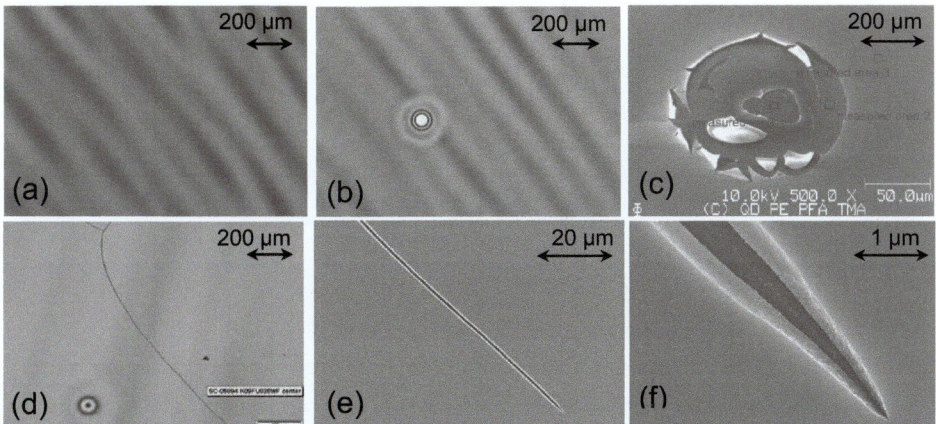

Abbildung 3-16: Defekte auf Sol-Gel-Schichten nach dem Sintern: (a) Streifen, (b) und (c) Pore, (d) bis (f) Riss.

Durch Ersatz der leicht verdampfbaren Stoffe durch Pentanol sowie Absenkung der Absaugrate konnte die Ausbildung von *Striations* stark reduziert werden. Risse traten vor allem bei Mehrfachbeschichtungen (2 bis 3 Schichten) sowie bei langsamen Aufheizraten auf. Im Kapitel 3.3 wird dies näher erläutert.

3.2.4 Versuche auf einem vollautomatischen Spin-Coater im Vergleich zum Labor-Coater

Durch die Beschichtung mittels eines vollautomatischen Spin-Coaters sollten vor allem die Schichthomogenität und Reproduzierbarkeit optimiert werden. Zu diesem Zweck wurde ein *TRACK ACT 12* der Firma *Tokio Electrons* (*TEL*), der normalerweise für die Abscheidung und Trocknung von lithographischen Lackschichten zum Einsatz kommt, verwendet. Eine Extradüse für das *pre-wet*-Lösungsmittel, die sich an dem gleichen Arm wie die Sol-Düse befindet, erleichtert die Vorbenetzung des Wafers. MIBK (Methylisobutylketon) dient als Lösungsmittel für die Vorbenetzung sowie die Rand- und Rückseitenentlackung, da dieses an dem Gerät schon vorinstalliert war. Entsprechende Tests für den Wechsel des

Lösungsmittels von PGMEA zu MIBK wurden im Vorfeld unter Laborbedingungen durchgeführt, mit dem Ergebnis, dass das Sol auch mit MIBK rückstandsfrei entfernt werden kann. Die exakt einstellbare Randentlackung im Zehntel-Millimeter-Bereich (Einstellung von 1,5 mm) erlaubt eine viel sauberere Entfernung der Lackwulst im Vergleich zum Labor-Coater mit ca. 4 mm Randentfernung (Abbildung 3-17). Sie ist Voraussetzung für eine gefahrlose Weiterprozessierung in der Industrie, da diese sonst zu Partikelproblemen führen.

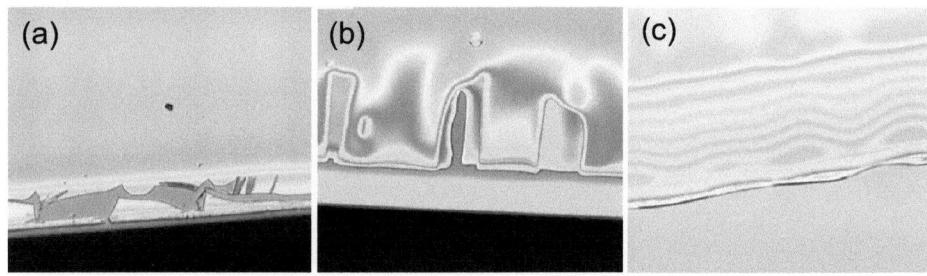

Abbildung 3-17: Mikroskopische Aufnahmen vom Waferrand bei 5-facher Vergrößerung: (a) ohne Randentlackung (unter Laborbedingungen), (b) mit Randentlackung (unter Laborbedingungen) und (c) Randentlackung auf vollautomatischem Spin-Coater.

Konstante Bedingungen während des ganzen Prozesses (Temperatur, Atmosphäre, Zykluszeit) sowie eine höhere Beschleunigung (167 U s^{-2}) tragen weiterhin zur Optimierung der Abscheidung bei. Durch diese zusätzlichen Einstellungsmöglichkeiten muss das Rezept entsprechend angepasst werden. Im Vergleich zum Labor-Coater konnte die Zeit für einen Beschichtungsvorgang von 83 s auf 66 s verkürzt werden.

Um eine genaue Schichtdicke einzustellen, besteht die Möglichkeit sogenannte *Spin Speed*-Kurven aufzunehmen. Dabei wird das Sol bei verschiedenen Drehgeschwindigkeiten (sonstige Parameter sind konstant) abgeschieden und die resultierende Schichtdicke nach der Temperaturbehandlung (4 min bei 350 ℃) gemessen. Auf diese Weise wird die benötigte Geschwindigkeit für die gewünschte Schichtdicke ermittelt.

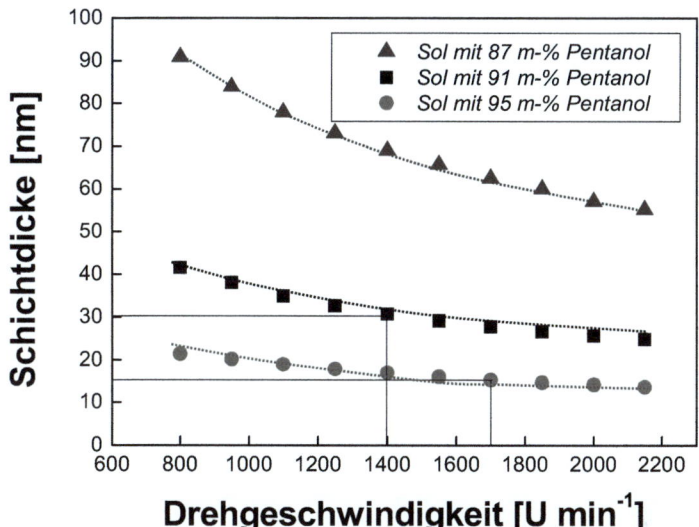

Abbildung 3-18: *Spin Speed-Kurven für drei Sole mit unterschiedlichen Lösungs-mittelgehalten zur Ermittlung der optimalen Drehgeschwindig-keit für verschiedene Schichtdicken (z. B. für 30 nm: Sol mit 91 m-% Pentanol bei 1470 U min^{-1} bzw. 15 nm: Sol mit 95 m-% Pentanol bei 1700 U min^{-1}). Die gepunkteten Linien dienen zur Veranschaulichung des Trends.*

In Abbildung 3-18 sind die *Spin Speed*-Kurven für zwei Sole mit unterschiedlichem Pentanolgehalt dargestellt. Anhand der Kurvenverläufe ist der allgemeine Trend zu sinkenden Schichtdicken mit steigender Drehgeschwindigkeit zu erkennen. Jedes Sol deckt – in Abhängigkeit vom Lösungsmittelgehalt – einen unterschiedlichen Schichtdicken-bereich ab:

- Sol mit 87 Masse-% Pentanol: 91 - 55 nm
- Sol mit 91 Masse-% Pentanol: 24 - 41 nm
- Sol mit 95 Masse-% Pentanol: 14 - 21 nm

Mit steigendem Lösungsmittelanteil nimmt allerdings auch die Größe des Schichtdickenfensters ab.

Für die Untersuchung der Schichtdickenschwankung über den gesamten Wafer sowie von Wafer-zu-Wafer wurden zehn Wafer mit dem gleichen Rezept beschichtet, getrocknet und anschließend die Schichtdicke ellipsometrisch bestimmt. Die Ergebnisse sind in Tabelle 3-5 zusammengefasst.

Tabelle 3-5: Schichtdickenanalyse von dünnen ZrO$_2$-Filmen auf verschiedenen Substraten abgeschieden auf einem vollautomatischen Spin-Coater.

SUBSTRAT	ANGESTREBTE FILMDICKE	FILMDICKE	WAFER-INHOMOGENITÄT	WAFER-ZU-WAFER-INHOMOGENITÄT
	in nm	in nm	in %	in %
Si		56,4 ± 0,8	5,64	0,49
SiO$_2$/Si$_3$N$_4$/Si	30	28,6 ± 0,4	5,01	0,40
	15	14,3 ± 0,2	4,67	0,45
C/Si	30	27,7 ± 0,2	2,77	1,26
	15	13,6 ± 0,1	1,70	0,62

Im Vergleich zu den Ergebnissen der Schichtdickenschwankung von > 10 % über den Wafer und ca. 10 % von Wafer-zu-Wafer unter Laborbedingungen, ist eine deutliche Verbesserung der Ergebnisse durch Nutzung des vollautomatischen Spin-Coaters zu verzeichnen.

3.3 Thermische Behandlung der ZrO$_2$-Schichten

Der durch Spin-Coating erhaltene Gel-Film enthält neben der keramikbildenden Komponente noch das organische Polymer sowie organische Lösungsmittel. Diese werden in der sich anschließenden Temperaturbehandlung heraus gebrannt und man erhält die gewünschte keramische Schicht. Dazu können verschiedene Methoden, wie Hotplate, Ofen oder RTA (Rapid Thermal Annealing) herangezogen werden.

Zur Charakterisierung des Polymerisationsverhaltens und Aussagen über die thermische Beständigkeit der Sol-Gel-Schichten machen zu können, ist es wichtig die Abläufe bei der Gel- bzw. Schichtbildung genauer zu untersuchen. Anhand der gewonnen Erkenntnisse wird die thermische Behandlung der Schichten qualitativ (keine Risse durch zu hohe Spannungen in der Schicht) und quantitativ (minimaler Zeitaufwand) optimiert.

3.3.1 Thermoanalytische Untersuchungen des Sinterprozesses

Um die Vorgänge während der Wärmebehandlung in einer Beschichtung, die mit einem Zirkoniumalkoxid hergestellt wurde, abschätzen zu können, wurden die Sole einer

Differential-Thermo-Analyse (DTA) in Verbindung mit einer thermogravimetrischen Analyse (TGA) unterzogen. Dabei wurde u. a. das Verhalten unter verschiedenen Atmosphären (trockene Luft und Stickstoff) untersucht. Die Messung erfolgte dynamisch, d. h. die Eigenschaftswerte werden kontinuierlich bei stetig steigender Temperatur bestimmt. Bei den Messungen beträgt die Heizrate 40 K min^{-1}, wobei diese erst nach etwa 10 min konstant ist.

Anhand der in Tabelle 3-6 zusammengefassten Siedepunkte der Edukte lässt sich postulieren, dass die Evaporation der organischen Bestandteile im Bereich von 250 bis 300 °C abgeschlossen ist.

Tabelle 3-6: Siedepunkte der eingesetzten Verbindungen.

EDUKTE	SIEDEPUNKT
	in °C
Acetylaceton	140
Decanol	230
Pentanol	138
Propanol	97
PEG	250 (ab 150 °C thermische Zersetzung)
Wasser	100
ZTP	208 (ab 97 °C thermische Zersetzung)

Die Masseänderung verläuft sowohl an Luft sowie unter Stickstoff für beide Sole ähnlich (Abbildung 3-19). Allerdings zeigt die TGA-Kurve für das PEG-haltige Sol mehrere Stufen. Zwischen 90 °C und 190 °C ist ein Massenverlust von 90 % für das Sol ohne PEG-Zusatz und 60 % für das PEG-haltige Sol erkennbar. Ursache hierfür ist vor allem die Verdampfung des im Gel inkorporierten Lösungsmittels. Der große Massenverlust spricht für eine starke Verdichtung in diesem Temperaturbereich. Danach erfolgt bei Temperaturen zwischen 200 °C und 600 °C ein weitere r Massenverlust von 4 % (Sol ohne PEG) bzw. 20 % (Sol mit PEG), welcher sich nur beim PEG-haltigen Sol stufenweise vollzieht. In Tabelle 3-7 sind die Ergebnisse der TGA-Messungen zusammengefasst.

Tabelle 3-7: Ergebnisse der TGA-Messungen (mit Masseverlust Δm und maximaler Massenänderungsrate dm/dt) unter trockener Luft und Stickstoff.

		LUFT			STICKSTOFF	
	T in °C	Δm in %	dm/dt in % min^{-1}	T in °C	Δm in %	dm/dt in % min^{-1}
ohne PEG	20 - 200	- 89,7	-26,7 (61 °C) 138,8 (145 °C)	20 - 158	- 51,1	-6,6 (65 °C)
	200 - 750	- 4,1	-92,5 (342 °C) -22,0 (725 °C)	158 - 250	- 38,8	175,3 (165 °C)
				250 - 750	-3,5	-26,9 (649 °C)
		∑ -93.8			∑ -93.4	
	Rest-masse-%	6,2		*Rest-masse-%*	6,6	
mit PEG	20 - 180	-43,0	-26,4 (151 °C)	20 - 185	-44,7	-27, 9 (154 °C)
	180 - 260	-17,3	-25,4 (192 °C) -29,7 (207 °C)	185 - 245	-14,4	-9,9 (189 °C) -121,6 (198 °C)
	260 - 400	-13,5	-6,9 (317 °C)	245 - 420	-16,0	-7,7 (353 °C)
	400 - 700	-7,1		420 - 700	-4,1	
		∑ -80,9			∑ -79,2	
	Rest-masse-%	19,1		*Rest-masse-%*	20,8	

Die Ergebnisse der DTA-Messungen (Abbildung 3-19) unterscheiden sich vor allem von Sol zu Sol, während die Kurvenverläufe bei gleicher Atmosphäre sehr ähnlich sind. Allen vier Kurven zeigen ein endothermes Peakmaximum bei ca. 175 °C (157 °C beim Sol ohne PEG unter N$_2$). Der Peak korreliert mit dem Verdampfen des Lösungsmittels, parallel bilden sich amorphe Netzwerke. Die Dehydroxylierung von Zr–OH zu Zr–O und Kristallisation erfolgt bei 345 °C und ist nur unte r Luftatmosphäre zu beobachten. Der sich direkt anschließende breite exotherme Peak bei 370 °C kann einer Phasenumwandlung zugeschrieben werden. Der exotherme Peak bei 571 °C (ohne PEG) bzw. 616 °C (mit PEG) unter Luftatmosphäre ist einer weiteren Oxidation organischer Bestandteile zuzuordnen. Unter Stickstoff ist diese Phasentransformation nicht zu erkennen.

Bei den DTA-Kurven zeigt sich, dass sowohl an trockener Luft als auch unter Stickstoff die Umsetzung des Precursors zu ZrO$_2$ zu Beginn endotherm (Bindungsenergie muss überwunden werden) und dann exotherm verläuft, allerdings sind die Kurvenverläufe unterschiedlich.

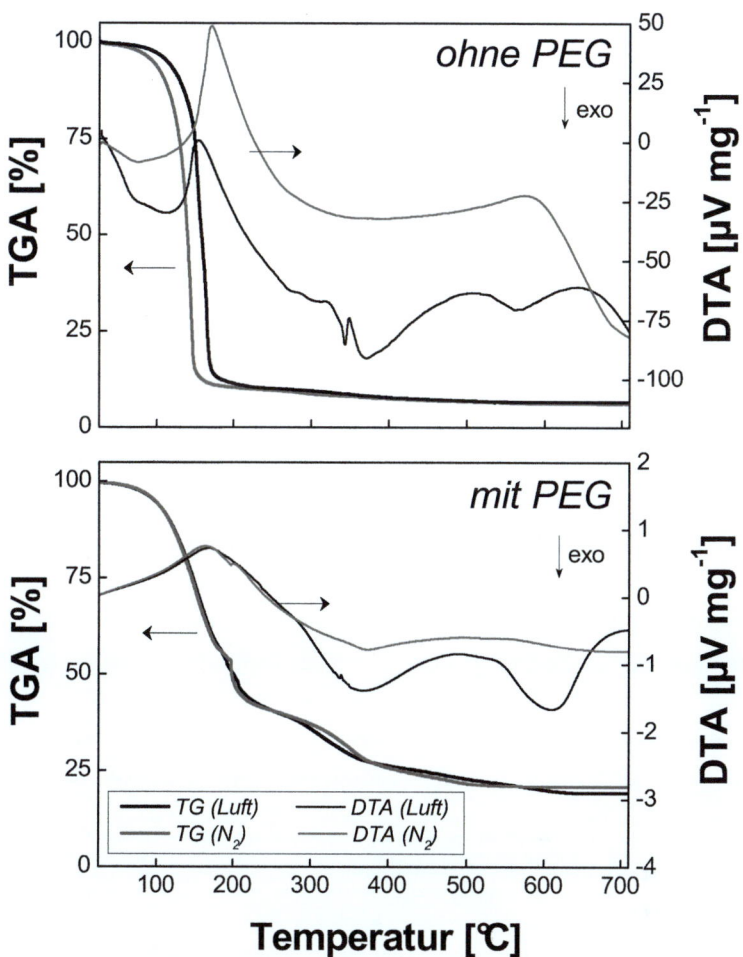

Abbildung 3-19: TGA und DTA von ZrO₂-Solen ohne und mit PEG-Zusatz, im Al₂O₃-
Tiegel unter Stickstoff bzw. an Luft bei einer Heizrate von 40 K min⁻¹.

Neben der DTA-TG, bietet die Thermische Desorptionsspektroskopie (TDS) die Möglichkeit zur Untersuchung der Bindungsenergie von Adsorbaten auf der Waferoberfläche. Hierzu wird ein beschichteter Wafer, welcher bei 50 °C getrocknet wurde, in einer Vakuum-Kammer mit einer definierten Aufheizrate von 5 K min⁻¹ erwärmt. Bei Erreichen der Desorptionstemperatur, verlassen die Adsorbate die Oberfläche, da die thermische Energie ausreicht, die Bindung zur Oberfläche aufzubrechen. Bei dieser Temperatur steigt die Desorptionsrate rapide an und damit auch der Partialdruck des

Adsorbats in der Vakuum-Kammer. Zusätzlich zum Partialdruck wird die Waferverbiegung gemessen. Die Verbiegung kann verschiedene Ursachen haben, die in Abbildung 3-20 aufgeführt sind.

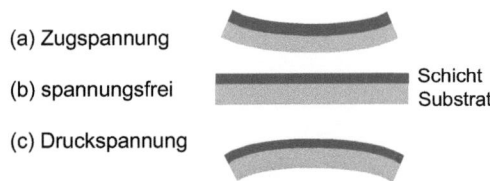

(a) Zugspannung

(b) spannungsfrei

(c) Druckspannung

Schicht
Substrat

Abbildung 3-20: Waferverbiegung in Abhängigkeit vom Ausdehnungskoeffizienten α:
(a) $\alpha_{Schicht}$ < $\alpha_{Substrat}$ → ***Zugspannung (kompressiv; „-"); (b)*** $\alpha_{Schicht}$ = $\alpha_{Substrat}$ →
spannungsfrei; (c) $\alpha_{Schicht}$ > $\alpha_{Substrat}$ → ***Druckspannung (tensil; „+").***

Zugspannungen entstehen, wenn der Ausdehnungskoeffizient der Schicht kleiner ist als der des Substrates sowie bei der Ausgasung von eingelagertem Prozessgas. Die Druckspannungen hingegen sind Folge des kleineren Ausdehnungskoeffizienten des Substrates. Diese Art der Spannung kann zudem bei einer Volumenzunahme während der Abscheidung entstehen. Sie tritt bei Temperatur-erhöhung in Verbindung mit einer Druckminderung auf und wird von der Löslichkeit der Gase bestimmt. Des Weiteren können mechanische Spannungen durch Schichtschrumpfung hervorgerufen werden.

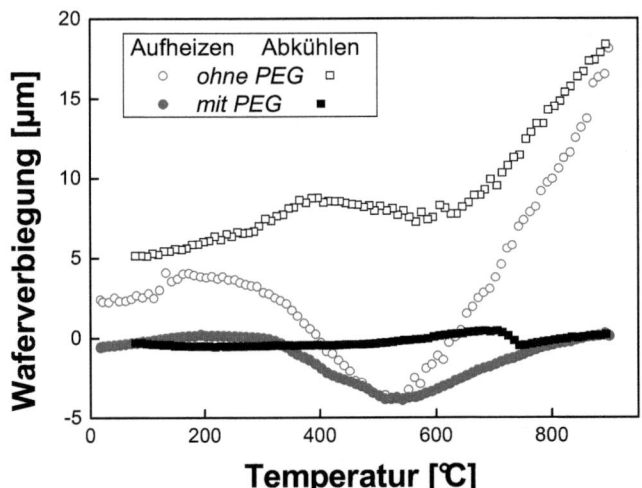

Abbildung 3-21: Waferverbiegung in Abhängigkeit von der Temperatur einer ZrO₂-Schicht ohne und mit PEG-Zusatz bei einer Heiz- bzw. Abkühlrate von 5 K min⁻¹.

Für die verschiedenen Beschichtungen wurde die Waferverbiegung in Abhängigkeit von der Temperatur beim Aufheizen und Abkühlen gemessen (Abbildung 3-21). Die Ausgangspunkte hängen dabei von der aufgebrachten Schicht sowie von der Vorspannung des Substrates ab.

Zu Beginn des Aufheizvorganges bleibt die Waferverbiegung konstant. Ab 370 ℃ kommt es zu Zugspannungen, die ihr Maximum bei 550 ℃ mit einer Verbiegung von -4 μm erreichen. Anschließend nehmen die Zugspannungen wieder ab, wobei die Schichten mit PEG wieder vierbiegungsfrei vorliegen und sich dies auch während des Abkühlens nicht mehr verändert. Die PEG-freie Schicht erfährt beim weiteren Aufheizen Zugspannungen, d. h. der Ausdehnungskoeffizient des Substrates ist größer, als der der Schicht. Dabei erreicht der Wafer eine maximale Verbiegung von 18 μm bei 900 ℃. Beim Abkühlen nimmt die Verbiegung wieder bis fast zum Ausgangswert ab. Das fehlende Stress-relaxationsmittel PEG ist die Ursache für dieses Verhalten.

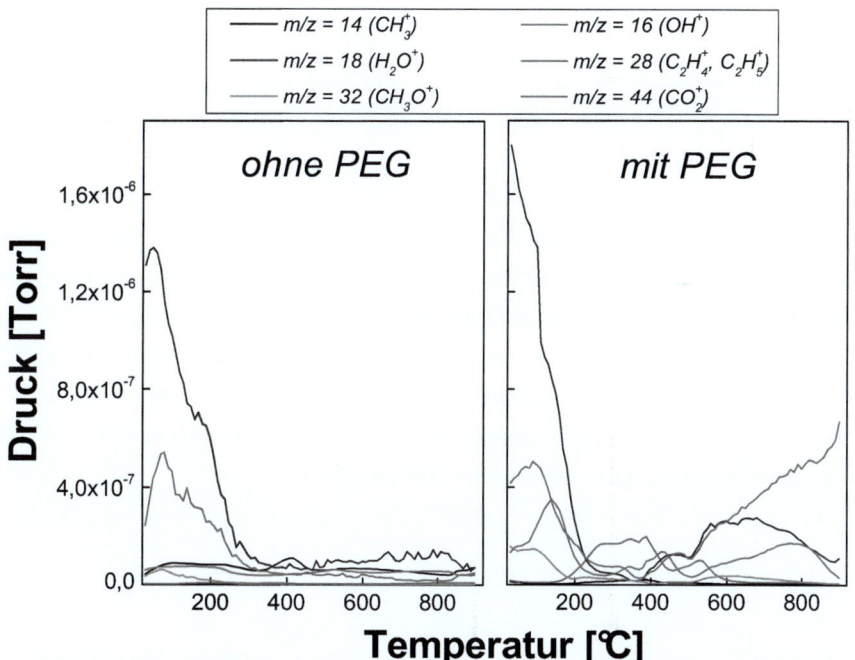

Abbildung 3-22: Partialdrücke (≙ Desorptionsraten) in Abhängigkeit von der Temperatur ausgewählter Masse-Ladungs-Verhältnisse für eine ZrO_2-Schicht ohne (links) und mit PEG-Zusatz (rechts).

Durch Aufheizen der Probe bei der TDS wird dem Adsorbat thermische Energie zugeführt und so die Desorption eingeleitet, wobei die Aktivierungsenergie für die Desorption zwischen 10 und 200 kJ mol^{-1} liegt. Der Partialdruck wird als Funktion der Temperatur aufgezeichnet. Aufgrund der Tatsache, dass die Desorption im Ultrahochvakuum stattfindet, ist die Desorptionsrate proportional zum Partialdruck p_{part}:

$$R_{Des} = \frac{dN_{Ads}}{dt} \propto p_{partial} \qquad (3\text{-}3)$$

R_{Des} Desorptionsrate [ml s^{-1}]

N_{Ads} Zahl der Adsorbatteichen

Durch große Pumpleistung und kleines Kammervolumen folgt, dass die Desorptionsrate direkt durch den augenblicklichen Partialdruck gegeben ist. Die Fläche unter den Spektren ist somit proportional zur Gesamtzahl der desorbierten Teilchen.

Die TD-Spektren, die für die beiden Beschichtungen in Abbildung 3-22 dargestellt sind, unterscheiden sich in ihren Kurvenverläufen und sind schwierig zu interpretieren. Im Temperaturbereich von 50 bis 300 ℃ sinken die Desorptionsraten der leicht flüchtigen Verbindungen wie Methyl- und Ethylgruppen sowie Wasser stark ab. Schichten ohne PEG-Zusatz zeigen bei weiterer Temperaturerhöhung keine signifikanten Ausgasungen mehr. PEG-haltige Schichten zeigen ab 400 ℃ einen Anstieg der Desorptionsraten für Wasser, CO_2 sowie Methyl- und Ethylgruppen. Dieser Druckanstieg ist ein Anzeichen für die langsame Ausgasung der polymeren Bestandteile.

Die Resultate der TDS korrelieren mit den Ergebnissen der TG-Analyse, die besagen, dass es für Schichten ohne PEG-Zusatz ab 200 ℃ zu keiner signifikanten Masseänderung mehr kommt. Schichten mit PEG zeigen über den Temperaturbereich von 400 bis 700 ℃ noch größere Schwankungen, wie auch im TDS zu sehen.

3.3.2 Optimale Temperaturführung beim Sintern

Die Ergebnisse der DTA, TGA und TDS liefern wichtige Erkenntnisse zum anzuwendenden Temperaturprogramm, auch wenn an dieser Stelle darauf hingewiesen sei, dass die für einen Vorgang gemessenen Temperaturen nicht mit denen bei einer Beschichtung übereinstimmen, da sie abgesehen von der Kristallisation Heizraten-abhängig und vom Verhältnis Oberfläche zu Volumen beeinflusst werden.

Die organischen Bestandteile in den Gel-Schichten werden bei niedrigen Temperaturen (< 400 °C) herausgebrannt. In diesem Bereich ist die Verbiegung der Schichten sehr gering und trotz des großen Massenverlustes zwischen 90 °C und 200 °C und der damit verbundenen Schrumpfung ist kein Zwischenschritt bei niedrigen Temperaturen (100 - 150 °C) nötig. Es sollte daher ohne weiteres möglich sein, eine kurzzeitige thermische Behandlung bis zu 400 °C auf einer Hotplate durchzuführen, ohne dass es zu einer Zersetzung der Schichten kommt.

Wie in Kapitel 2.2.2 beschrieben, gibt es eine Grenzdicke für abgeschiedene Gel-Schichten, die bei etwa 400 - 500 nm liegt, und auf Zugspannungen zurückzuführen ist. Durch Mehrfachbeschichtungen mit PEG-haltigem Sol konnte dies auch gezeigt werden. Die maximal erreichbare Schichtdicke nach dem Ausheizen bei 350 °C auf der Hotplate liegt bei ca. 250 nm (ca. 50 % Schrumpfung). Daher muss für die Herstellung dickerer Filme eine Mehrfachbeschichtung (2 bis 3 Schichten) durchgeführt werden, bei der jede Schicht bei mindestens 350 °C ausgeheizt wird, um große Spannungen und damit das Abplatzen der Schicht zu verhindern. Ohne diesen Verdichtungsschritt würde außerdem die erste Schicht beim zweiten Beschichtungsvorgang durch das Lösungsmittel teilweise wieder abgelöst werden, so dass ein äußerst inhomogener Film entstehen würde.

Zur Verdichtung der Schichten eignet sich am besten das RTA-Verfahren, da sie aufgrund der hohen Aufheiz- und Abkühlraten kurze Prozesszeiten ermöglichen und das thermische Budget der Wafer, also die Gesamtzeit die ein Wafer hohen Temperaturen ausgesetzt ist – im Vergleich zu einer Behandlung im Ofen mit niedrigen Aufheiz- und Abkühlraten – kurz halten.

3.4 Charakterisierung von ZrO$_2$-Schichten

Für die Charakterisierung der Dünnfilme steht eine Vielzahl von Analysenmöglichkeiten zur Verfügung. Neben der mikrostrukturellen Untersuchung mittels REM, TEM und AFM steht die Analyse der Schichten bezüglich ihrer Elemente, Verbindungen und Bindungszustände im Vordergrund. Zusätzlich wurden die keramischen Filme auf ihre mechanischen Eigenschaften getestet.

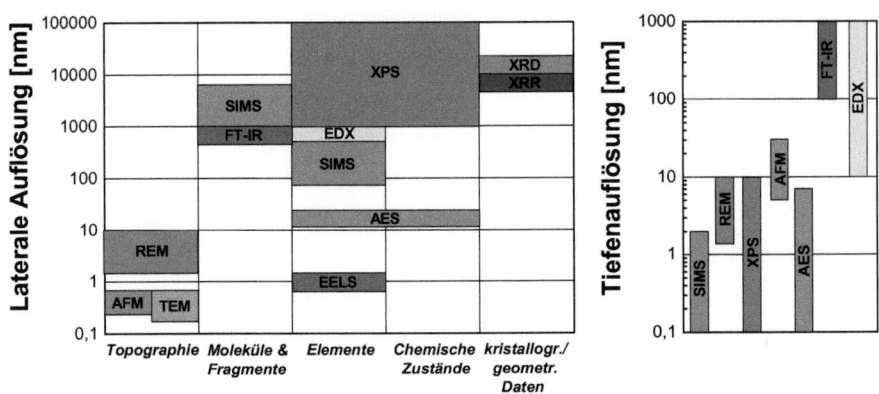

Abbildung 3-23: *Laterale Auflösung (links) und Tiefenauflösung (rechts) versch. Analysemethoden und deren Einsatzbereiche.*

In Abbildung 3-23 sind die laterale Auflösungen und Tiefenauflösungen sowie die Einsatzbereiche der angewendeten Analysenverfahren zusammengefasst. Die laterale Auflösung ergibt sich unmittelbar aus der Auflösung der Kamera. Sie definiert den Abstand der Messpunkte auf der Objektoberfläche. Die Tiefenauflösung hingegen ergibt sich aus dem Messprinzip.

3.4.1 Schichtdicke und Brechungsindex

Die Schichtdickenbestimmung mittels spektroskopischer Ellipsometrie (SE) stellt eine der wichtigsten Analysenmethoden dieser Arbeit dar. Es handelt sich dabei um eine optische Untersuchungsmethode zur Messung der optischen Indizes n und k sowie der Dicke von dünnen transparenten Schichten (Messbereich: 10 nm bis 2 µm). Ein großer Vorteil dieser Methode im Vergleich zur monochromatischen Ellipsometrie besteht darin, dass die Werte ohne langwierige winkelaufgelöste Messungen eindeutig ermittelt werden können.

In Abbildung 3-24 ist die Abhängigkeit von der Dauer der Temperaturbehandlung bei 350 °C auf die Schichtdicke, den Brechungsindex, di e Waferverbiegung und Schichtspannung für PEG-haltigen Schichten dargestellt. Die Bestimmung der Spannung erfolgt aus der Verbiegung nach der *Stoney*-Gleichung (siehe Kapitel 5.2.11). [103]

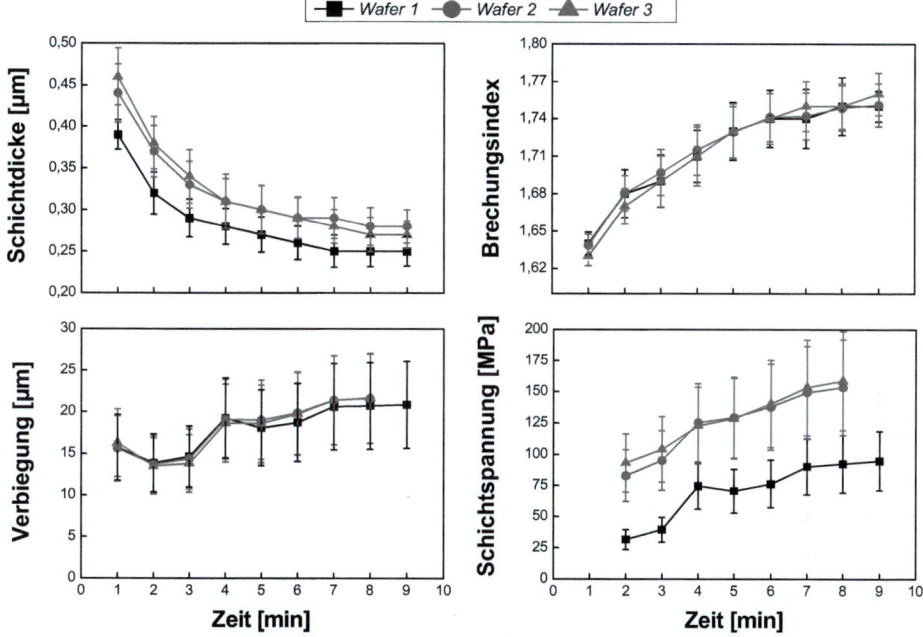

Abbildung 3-24: Schichtdicken, Brechungsindices, Waferverbiegungen und Schicht-spannungen von ZrO$_2$-Schichten mit PEG-Zusatz in Abhängigkeit von der Temper-dauer bei 350 °C auf der Hotplate. Die gepunkteten und kompakten Linien dienen zur Veranschaulichung des Trends.

Während die Filmdicke mit der Zeit exponentiell abnimmt, steigt der Brechungsindex logarithmisch an, was mit der Abnahme der organischen Bestandteile in der Schicht zu erklären ist. Ab einer Temperzeit von 6 min ist nur noch eine geringe Veränderung der Schichtdicke zu registrieren. Die optische Verbiegungsmessung zeigt in Abhängigkeit von der Temperdauer, für alle drei Wafer den gleichen Verlauf. Von anfangs 15 µm Verbiegung steigt der Wert ab 4 min um 5 µm an und bleibt dann konstant. Aus diesen Werten lässt sich unter Einbeziehung der Filmdicke sowie der Substratparameter (Elastizitäts-Modul, *Poisson*-Zahl und Dicke) die Schichtspannung berechnen. Die Abweichung im Verlauf der Schichtdicke von Wafer 1 spiegelt sich daher auch in den Spannungswerten wider. Bezüglich der Verspannung ist ein linearer Verlauf zu verzeichnen, wobei die Werte der Waferverbiegung im Bereich von Zugspannungen liegen und der Stress in den Schichten tensil ist. In Anbetracht der Tatsache, dass Spannungen in der Schicht so gering wie möglich sein sollten, um das Risiko von Rissbildungen zu minimieren, ist eine Temperdauer von 5 bis 6 min vorzuziehen.

Der Verlauf der Schichtschrumpfung während der Wärmebehandlung ist in Tabelle 3-8 für die PEG-haltigen Schichten zusammengefasst. Die anfänglich sehr große Schrumpfung von annähernd 40 % innerhalb von 4 min ist mit der sehr raschen Freisetzung der Lösungsmittel und anderer organischer Verbindungen zu erklären. Anschließend nimmt die Schrumpfung immer mehr ab. Aufgrund der maximalen Heizrate bei der Hotplate-Trocknung kommt es zu einer Erstarrung der Schicht, so dass die flüchtigen Verbindungen zeitverzögert durch das amorphe ZrO_2 diffundieren. Die Schrumpfung ist daher auch nach 10 min noch nicht abgeschlossen, aber im Sinne einer schnellen Prozessierung sollte der Trocknungsschritt nicht länger als 10 min dauern.

Tabelle 3-8: Schrumpfung einer Schicht mit PEG-Zusatz in Abhängigkeit von der Temperdauer.

| TEMPERDAUER | SCHRUMPFUNG | |
in min	in nm	In %
2	73,5	20,6
3	35,6	11,0
4	20,7	6,9
5	12,0	4,2
6	9,2	3,3
7	6,8	2,5
8	4,8	1,8
9	4,6	1,7

Die Waferverbiegung und die daraus berechnete Schichtspannung, steht in direktem Zusammenhang mit dem PEG-Gehalt und der Schichtdicke. So weisen Schichten ohne PEG-Zusatz nach der Wärmebehandlung bei 700 °C eine Verbiegung von ca. 20 µm, Schichten mit PEG hingegen eine von ca. -30 µm auf. Die berechneten Spannungen liegen bei 318 MPa für die PEG-freie und 90 MPa für die PEG-haltige Schicht. Die Ursache dieser verminderten tensilen Spannung liegt in der Spannungskompensations-wirkung des PEG. Im Vergleich zu anderen Oxid-Schichten, vor allem dem industriell angewendeten *Spin-On Glass* (SOG) mit Schichtspannungen von 80 - 100 MPa [104] [105] schneiden die Werte der ZrO_2-Schichten gut ab.

In Abhängigkeit vom Pentanol-Gehalt in den ZrO$_2$-Solen, sind unterschiedliche Schichtdicken zu erwarten. Abbildung 3-25 zeigt dies schematisch für Schichten ohne und mit PEG nach einer Temperaturbehandlung bei 700 °C (Dauer: 1 min). Nach einem Beschichtungsvorgang können mit dem PEG-Sol Schichtdicken von 130 bis 225 nm erreicht werden. Sole ohne PEG-Zusatz decken einen Bereich von 160 bis 10 nm ab. Mit steigendem Pentanol-Gehalt ist dabei ein fast linearer Abfall der Schichtdicke zu verzeichnen.

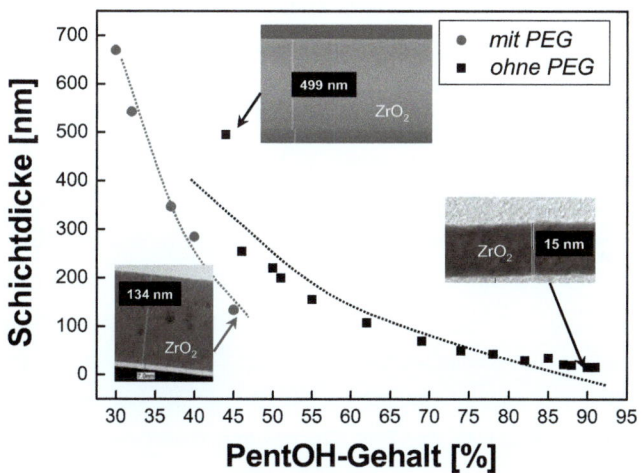

Abbildung 3-25: Schichtdicken in Abhängigkeit vom Pentanol-Gehalt für ZrO$_2$-Schichten (1 min bei 700 °C) mit und ohne PEG-Zusat z. Die gepunkteten Linien dienen zur Verdeutlichung des Trends.

Des Weiteren wurde der Einfluss der Heizrate untersucht. Zu diesem Zweck wurden jeweils zwei Wafer mit Sol beschichtet und ein Wafer auf der bereits auf 375 °C vorgeheizten Hotplate für 5 min getrocknet und der andere auf der Hotplate langsam bei 2,2 K min^{-1} bis 375 °C aufgeheizt (Dauer: 2 h). Anschließend w urden die Ergebnisse der spektroskopischen Ellipsometrie miteinander verglichen. Während die Schichtdicke bei beiden Schichten gleich war, konnte ein Unterschied in den Brechungsindices verzeichnet werden. Die Wafer, die mittels einer Temperaturrampe thermisch behandelt wurde, zeigen einen Brechungsindex von 1,8677 (ohne PEG) und 1,8898 (mit PEG). Ohne Temperaturrampe belaufen sich die Werte auf 1,9062 (ohne PEG) und 1,9270 (mit PEG). Neben der Zeitersparnis bei der Trocknung ohne Rampe, kommt noch die Reduzierung der Schichtspannung hinzu (siehe Kapitel 3.3.1: Abbildung 3-21). In den dünneren

Schichten ist zwar aufgrund des fehlenden Stressrelexationsmittels die Schichtspannung größer, allerdings zeigte sich bei den Experimenten, dass nur sehr dicke PEG-Schichten (Doppelbeschichtung) eine starke Neigung zur Rissbildung aufweisen. Die kritische Schichtdicke liegt dabei im Bereich von 700 - 800 nm. Langsame Heizraten begünstigen zudem die Rissbildung von dünneren Schichten (ab 200 nm).

Dieser Effekt lässt sich nicht so einfach erklären, da nach dem allgemeinen Verständnis, ein langsames Aufheizen vorzuziehen wäre, um aufgrund der längeren Relaxationsperiode vor der Kristallisation dichtere Schichten zu erhalten.[106] Das Tempern lässt sich in mehrere Einzelprozesse gliedern: Verdampfung der leicht flüchtigen Komponenten und Kondensationsreaktion, die mit einer Schrumpfung einhergehen, sowie die Kristallisation. Während eines langsamen Aufheizens finden die Evaporation der organischen Verbindungen und Kondensationsreaktionen, in Abhängigkeit von den Siedepunkten, über einen weiten Temperaturbereich statt, so dass die Schrumpfung sehr langsam erfolgt. Erst danach beginnt die Kristallisation der Schicht. Über den gesamten Zeitraum wirkt somit ein hoher thermischer Stress auf die Schicht, welcher bei Überschreiten eines kritischen Wertes zur Rissbildung führt. Im Gegensatz dazu, laufen Verdampfung, Kondensation und Verdichtung bei einem kurzen Temperschritt mit maximaler Heizrate fast gleichzeitig statt. Die Spannung in einer solchen Schicht ist zwar höher als bei niedrigen Aufheizraten, dauert aber nur einen Bruchteil der Zeit. Daher kann durch diese Art der Temperaturführung der Rissbildung entgegengewirkt werden. Rissbildung tritt während des Aufheizens auf, was impliziert, dass Zugspannungen in den Schichten die Ursache für das Einreißen der Schicht ist. Dies ist insbesondere bei dicken Filmen, niedrigen Aufheizraten, einem hohen Wasseranteil bei der Hydrolyse des Alkoxides sowie bei hoher Luftfeuchtigkeit der Fall. [107] Durch den Einsatz von Polyvinylpyrrolidon (PVP), als direktes Spannungsrelaxationsmittel, konnten nur marginale Verbesserungen erzielt werden, zumal sich die Porosität der Schichten erhöht und dadurch den gewünschten Schichteigenschaften entgegenwirkt.

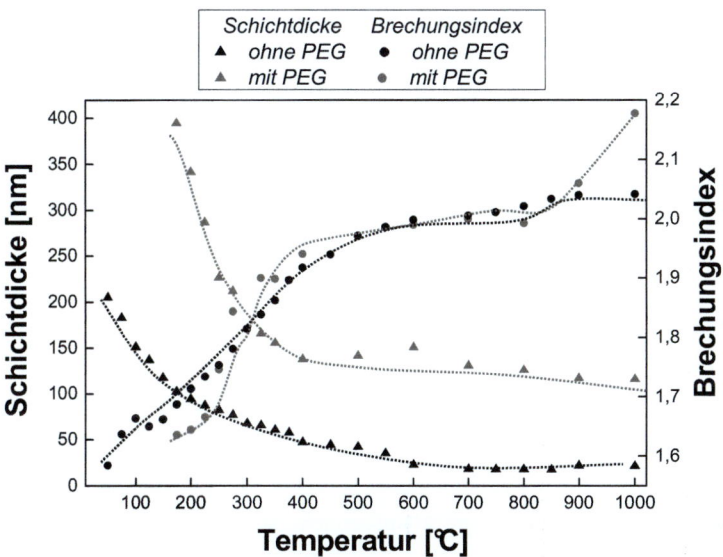

Abbildung 3-26: Schichtdicken und Brechungsindices von Schichten mit und ohne PEG-Zusatz in Abhängigkeit von der Temperatur beim Ausheizen mittels Hotplate (25 - 400 ℃, je 5 min) und RTA (425 - 1000 ℃, je 60 s). Die gepunkteten Linien dienen zur Verdeutlichung des Trends.

Die Ergebnisse der ellipsometrischen Messung im Bereich von 25 ℃ - 1000 ℃ für Schichten mit und ohne PEG (RTA im Bereich von 425 ℃ - 1000 ℃) sind in Abbildung 3-26 dargestellt.

Die Schichtdicken sind im Temperaturbereich von 25 bis 400 ℃ stark abfallend, die Behandlung der Schichten bei höheren Temperaturen führt hingegen kaum noch zu einer Schichtdickenabnahme. Der Verlauf der Brechungsindices ist dem der Schichtdicken entgegengesetzt, allerdings nehmen ab 400 ℃ die We rte auch weiterhin zu, wenn auch mit einem geringeren Anstieg. Hervorzuheben ist der signifikant höhere Brechungsindex der PEG-Schichten im Vergleich zu denjenigen ohne PEG bei 1000 ℃. Dieser kann mit einer Phasenänderung im Zr-O-Gitter zusammen hängen und wird im anschließenden Kapitel näher untersucht.

Die Brechzahl eines Materials hängt direkt mit seinem atomaren Aufbau zusammen und daher wird in diesem Zusammenhang auch mit einem optisch dichten oder optisch dünnen Medium gesprochen. Diese Dichte hat aber wenig mit der mechanischen Dichte gemein. Der Brechungsindex hängt direkt mit dem atomaren Aufbau des Materials zusammen. Mit steigendem Kristallinitätsgrad (amorph → teilkristallin → kristallin) verändert sich demzufolge der Brechwert. Anhand von XRD-Messungen und mikrostrukturellen Untersuchungen müssen der Kristallinitätsgrad und die Größe der Kristallite bestimmt werden, um den Zusammenhang zwischen Dichte und Kristallinität zu klären.

3.4.2 Untersuchung der Schichten mit EDX, EELS, TEM, ToF-SIMS, XPS, ERDA, FT-IR und XPS

Zur Untersuchung der Bindungszustände und Schichtzusammensetzung wurden die Transmissionselektronenmikroskopie (TEM), Elektronenenergieverlustspektroskopie (EELS), Flugzeit-Sekundärionen-massenspektrometrie (ToF-SIMS), Energiedispersive Röntgen-Spektroskopie (EDXS), Rückstoßatom-Spektrometrie (ERDA) sowie die FT-IR- und *Röntgen*-Photoelektronenspektroskopie (XPS) genutzt. Dabei können Informationen über den Aufbau der Probe im Mikrobereich erhalten werden. [108] Eine sehr aussagekräftige Methode zur Ermittlung der Elementverteilung an einer bestimmten Position ist die analytische Transmissionselektronenmikroskopie. Sie kombiniert die konventionelle TEM-Abbildungstechnik (einschließlich der Elektronenbeugung) mit Möglichkeiten der zweidimensionalen Elementanalyse (EDXS, EELS) und der Phasenanalyse für Teilchengrößen von wenigen nm bis einigen zehn nm. Insbesondere das ERDA-Verfahren liefert sehr gute qualitative und quantitative Aussagen über die Zusammensetzung der Schicht. Mittels dieser Methode lässt sich zudem der Wasserstoffgehalt ermitteln.

Bei der Energiedispersiven *Röntgen*-Spektroskopie (*Energy Dispersive X-ray Spectroscopy*) kommt es infolge der Wechselwirkung zwischen Primärelektronen des *Röntgen*-Strahls und den Elektronenhüllen von Probenatomen zur Tiefenionisation der Atome und somit zur Emission von *Röntgen*-Strahlung. Aufgrund der Tatsache, dass die Energie der *Röntgen*-Strahlung von der Ordnungzahl der Atome abhängt (*Mosley*'sches Gesetz), kann anhand der *Röntgen*-Spektren auf die chemische Zusammensetzung der Probe geschlossen werden. Eine quantitative Analyse ist nur bedingt möglich, da Einflussfaktoren wie Absorption und Detektoreffektivität nicht berücksichtigt werden. Bei Messung mehrer Proben können allerdings Rückschlüsse auf die Verhältnisse der einzelnen Elemente gezogen werden. Punktanalysen von Probendetails, Fremdpartikeln und Einschlüssen können ab einer Größe von ca. 1 µm³ erstellt werden.

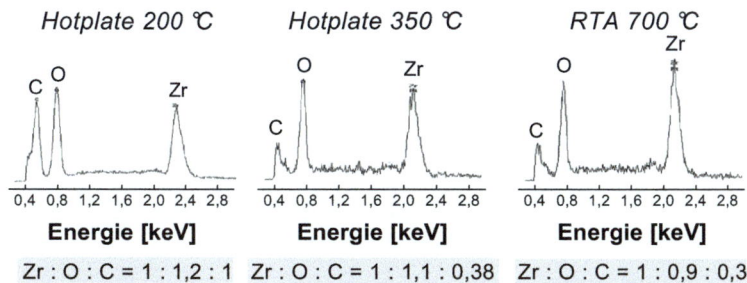

Abbildung 3-27: *EDX-Spektren von ZrO₂-Schichten mit PEG-Zusatz nach Wärmebehandlung bei verschiedenen Temperaturen (unterhalb der Spektren: Verhältnisse der Intensitäten für die drei Elemente).*

Die qualitative Auswertung der EDX-Spektren zeigt, dass der Anteil organischer Bestandteile bei einer Temperaturbehandlung von 200 ℃ noch sehr hoch ist. Bei 350 ℃ hat der Anteil an Kohlenstoff merklich abgenommen und bei noch höheren Temperaturen ist nur noch eine geringe Abnahme zu beobachten (Abbildung 3-27). Aufgrund der hohen Eindringtiefe spielt der Oberflächenkohlenstoff bei dieser Messmethode keine Rolle. Die Verhältnisse der Elemente sind allerdings als relativ anzusehen (nicht quantitativ) und sollen durch weitere Methoden eingehender untersucht werden.

Bei der Elektronenenergieverlust-Spektroskopie (*Electron Energy Loss Spectroscopy*) werden Elektronen einer festen Primärenergie auf eine Probe eingestrahlt und anschließend die gestreuten Elektronen anhand ihrer kinetischen Energie analysiert. Aufgrund der Tatsache, dass die Masse der Atomkerne im Vergleich zu einzelnen Elektronen sehr viel größer ist, kann die Energieübertragung von den Primärelektronen auf die Kerne vernachlässigt werden (sogenannte elastische oder quasielastische Streuung). Bei der Wechselwirkung mit den Festkörperelektronen kann es allerdings zu merklichen Energieverlusten kommen (inelastische Streuung). Die Bandstruktur sowie die atomaren Bindungszustände geben die erlaubten Übergänge und die energetischen Zustände vor. Die resultierende charakteristische Wahrscheinlichkeitsverteilung für die Energieüberträge stellt das Energieverlustspektrum dar. Mittels sogenannter *line scans* oder *mappings* kann die Elementverteilung entlang einer vorgegebenen Linie oder auf einer Fläche dargestellt werden. Der einfallende Elektronenstrahl wird im magnetischen Prisma aufgespalten und die Blende so eingestellt, dass nur Elektronen einer Wellenlänge hindurchgelangen. Anschließend wird der monochromatische Strahl wieder mit einem Linsensystem aufgeweitet und fällt auf eine CCD-Kamera (*Charge-Coupled Device*). Es werden drei Bilder aufgenommen, eins vor und zwei nach der Absorptionskante, aus deren Intensitätsunterschied der Kontrast berechnet wird. Die Absorptionskante ist für jedes Element bekannt.

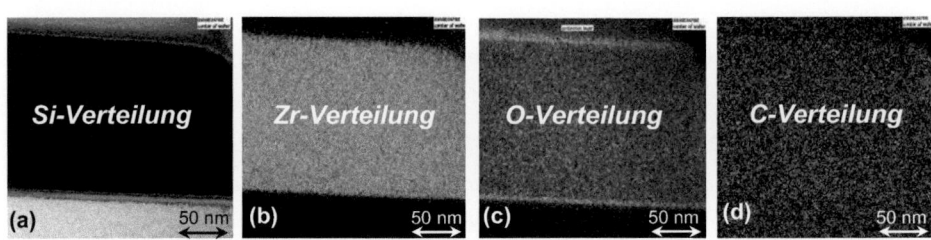

Abbildung 3-28: TEM-EELS-Bilder einer PEG-haltigen ZrO₂-Schicht auf Si (Tempern: 1 min bei 700 °C) für die Elemente Si, Zr, O und C. Je höher der Kontrast, desto höher ist der Gehalt an dem jeweiligen Element.

Werden die Elektronen vollständig absorbiert, ist kein Kontrast zu erkennen. Je höher der Anteil der transmittierten Elektronen, desto höher ist der Kontrast. Die Methode eignet sich sehr gut zur Darstellung der Verteilung von bestimmten Elementen in einer Schicht sowie im Bereich der Grenzschicht. Eine TEM-EELS-Analyse einer ZrO_2-Schicht mit PEG-Zusatz ist in Abbildung 3-28 gezeigt. Je heller ein Bereich ist, desto höher ist der Gehalt an dem jeweiligen Element. Daher lässt sich sagen, dass die Schicht vor allem aus Zirkonium und Sauerstoff besteht. Des Weiteren sind Spuren von Kohlenstoff erkennbar, die aber nicht eindeutig sind, da auch das Substrat Kohlenstoff enthält.

In Abbildung 3-29 sind TEM-Aufnahmen und die entsprechenden *line scans* einer ZrO_2-Schicht (unten) sowie der Grenzschicht ZrO_2/Si (oben) gezeigt. Entlang dieser Linien erfolgte die Aufnahme der EELS-Spektren. Den Spektren ist zu ersehen, dass die ZrO_2-Schicht kein Silizium enthält. Des Weiteren ist anzumachen, dass der Anstieg des Zr- und O-Signals im oberen Spektrum auf einen Schichtdickeneffekt zurückzuführen ist, da beide Signale nahezu parallel zueinander verlaufen. Die Signale weisen ein starkes Rauschen auf, dessen Ursache Dichteschwankungen des nanokristallinen Materials sind. Der verzögerte Abfall des Sauerstoff-Signals an der ZrO_2/Si-Grenzschicht ist auf die Bildung einer nativen SiO_2-Schicht (4 - 5 nm) zurückzuführen. Im TEM-Bild ist ein geringer Kontrastunterschied in diesem Bereich zu sehen. Zur Ermittlung des Kohlenstoff-Anteils musste auf die nachfolgend diskutierten Methoden ausgewichen werden.

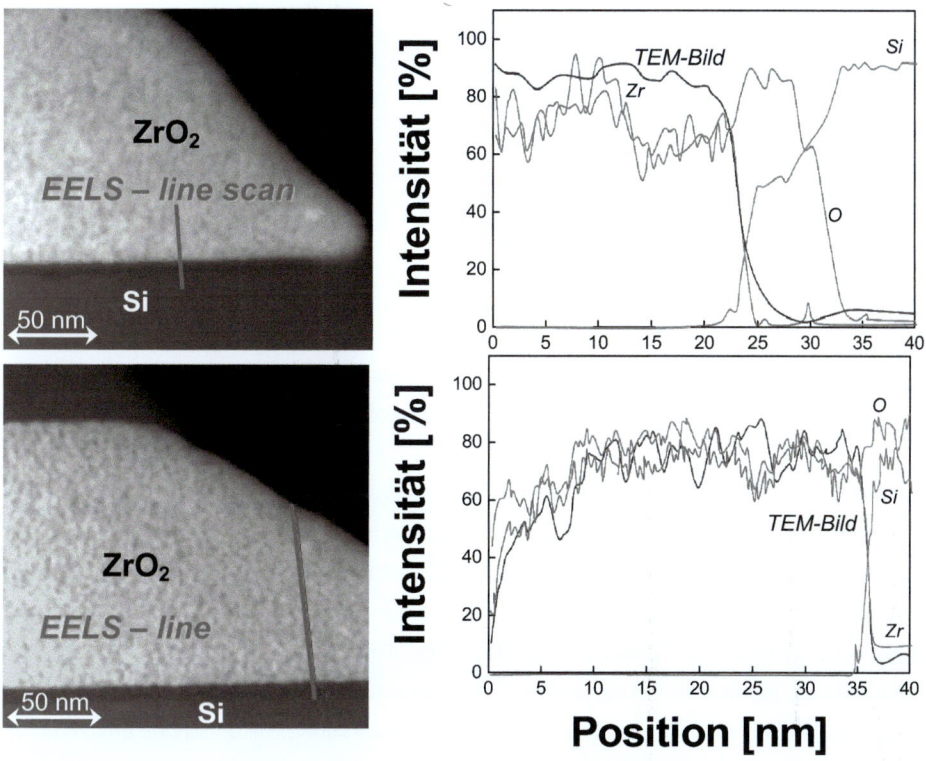

Abbildung 3-29: TEM-EELS an verschiedenen Positionen einer ZrO₂-Schicht mit PEG-Zusatz (Tempern: 1 min bei 700 ℃).

Eine weitere Möglichkeit zur Untersuchung der Schichtzusammensetzung in den obersten Monolagen bietet die Sekundärionen-Massenspektrometrie (SIMS). Wird eine Festkörper-oberfläche mit energiereicher Strahlung (Primärionen) beschossen, so führt dies u. a. zur Zerstäubung des Festkörpers (Abbildung 3-30). Dabei werden überwiegend Sekundär-teilchen aus neutralen Atomen oder Molekülen emittiert. Ein viel geringerer Teil wird in Form positiv oder negativ geladener Teilchen gesputtert, welche als Sekundärionen bezeichnet werden. Aufgrund ihrer elektrischen Ladung sind diese direkt der Analyse mit einem Massenspektrometer zugänglich, in welchem sie bezüglich ihres Masse/Ladungs-Verhältnisses getrennt und anschließend mit einem Detektor nachgewiesen werden. Die Quantifizierung ist bei diesem Verfahren häufig problematisch, da die Zerstäubung und Ionisation der Sekundärionen durch den Emissionsprozess miteinander gekoppelt sind.[109] [110] Die Sekundärionen-Massenspektrometrie eignet sich neben der Ober-flächenabbildung und -analyse, auch für die Tiefenprofilanalyse.

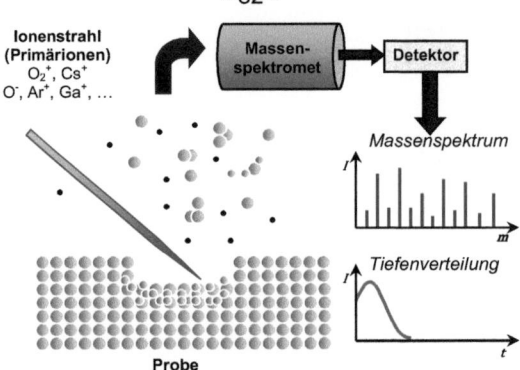

Abbildung 3-30: Schematische Darstellung der Sekundärionen-Massenspektrometrie.

Bei der Flugzeit-Sekundärionenmassenspektrometrie (*Time of Flight-SIMS*) handelt es sich um eine spezielle Variante der SIMS, bei der ultra-kurze Primärionenpulse Sekundärionen von dem zu analysierenden Oberflächenbereich lösen. Diese werden beschleunigt und durchlaufen mit je nach Masse für die verschiedenen Sekundärionen-arten unterschiedlichen Geschwindigkeiten eine Driftstrecke und werden mit hoher Zeitauflösung durch ein Detektorsystem nachgewiesen. Aus der jeweils gemessenen Flugzeit wird dann die zugehörige Masse des nachgewiesenen Sekundärions bestimmt.

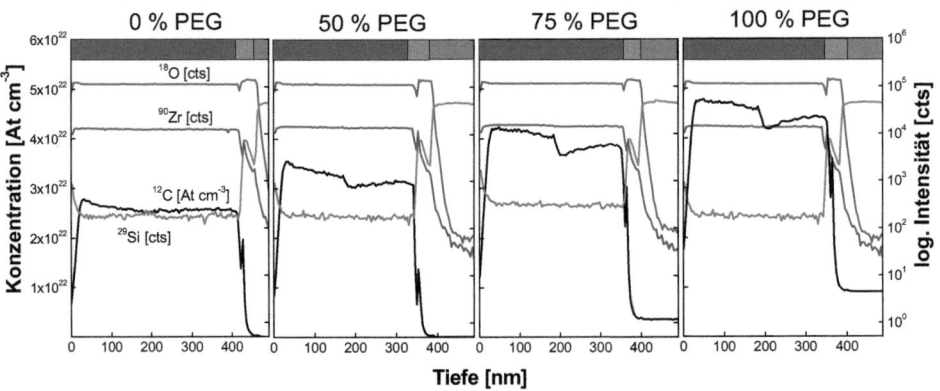

Abbildung 3-31: ToF-SIMS-Spektren von ZrO$_2$-Schichten (Hotplate: 1 min bei 350 °C) auf SiO$_2$ und Si$_3$N$_4$ mit unterschiedlichem PEG-Gehalt für die Elemente Zr, O und Si (in cts) sowie C (in At cm^{-3}) in Abhängigkeit von der Eindringtiefe.

Anhand der in Abbildung 3-31 gezeigten ToF-SIMS-Reihe kann die Elementverteilung für Si, Zr, O und C in Abhängigkeit von der Eindringtiefe diskutiert werden. Es ist zu beachten, dass die Einheiten unterschiedlich sind und der Gehalt an C nicht direkt mit denen der anderen Elemente in Beziehung gesetzt werden kann.

Wie zu erwarten steigt der C-Anteil mit Erhöhung des PEG-Gehaltes. Zudem ist ein Abfall des C-Signals bei ca. 200 nm Tiefe zu sehen. Dieser Abfall ist Resultat der Doppelbeschichtung: Die erste Schicht wird im Vergleich zur zweiten zweimal auf der Hotplate pyrolisiert. Der damit verbundene längere Wärmeeintrag wirkt sich auch auf den C-Gehalt aus. Beim Übergang der ZrO_2-Schicht ins Substrat zeigt sich zudem, dass der C-Gehalt bei den Schichten mit 50 % PEG und mehr einen konstanten Wert annimmt, was mit der Diffusion von C ins Si zu erklären ist.

Die Auswirkungen der unterschiedlichen thermischen Behandlung der beiden ZrO_2-Schichten zeigt sich auch bei der Probenpräparation mit gepufferter Flusssäure (*buffered hydrofluoric acid* = $NH_4F + H_2O + HF$), um Strukturen deutlicher abbilden zu können.

BHF als Ätzmittel von Si oder SiO_2 bewirkt die Aufrechterhaltung der Konzentration freier F^--Ionen für eine konstante und kontrollierbare Ätzrate, homogenes Ätzen, eine Erhöhung der Ätzrate über hochreaktive HF_2^--Ionen sowie eine höhere Stabilität der Lackätzmaske und ein pH-Wertanstieg (verringerte Neigung zu Unterätzen und Lackablösung). In Abbildung 3-32 ist eine ZrO_2-Doppelschicht (Wafermitte, halber Radius, Waferrand), die 2 s mit BHF behandelt wurde, gezeigt. Im direkten Vergleich wird deutlich, dass die zweite Schicht poröser ist als die Schicht, die zweimal bei 350 ℃ behandelt wurde. Durch diese Temperaturführung besitzt die erste Schicht eine höhere Dichte als die zweite.

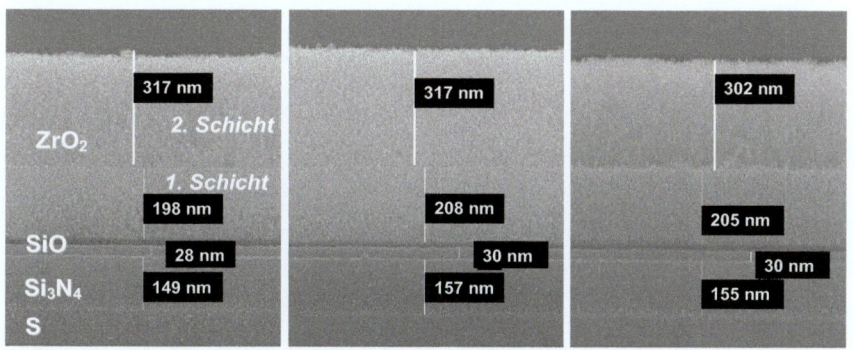

Abbildung 3-32: REM-Aufnahmen von 350 ℃-Hotplate Z rO₂-Schicht mit PEG-Zusatz (doppelt beschichtet und 2 s mit BHF angeätzt) auf SiO₂/Si₃N₄/Si-Substrat (links: Wafermitte; Mitte: halber Radius; rechts: Rand).

Die ToF-SIMS-Analyse ist zwar sehr oberflächenempfindlich und hat eine Nachweisgrenze im unteren ppm-Bereich, aber auch mit ToF-SIMS lassen sich keine quantitativen Ergebnisse die Element-zusammensetzung betreffend erhalten. Ausgewählte ZrO_2-Schichten wurden auf verschiedenen Substratmaterialien abgeschieden und mittels ToF-SIMS untersucht. Einige Beispiele sind in Abbildung 3-33 dargestellt.

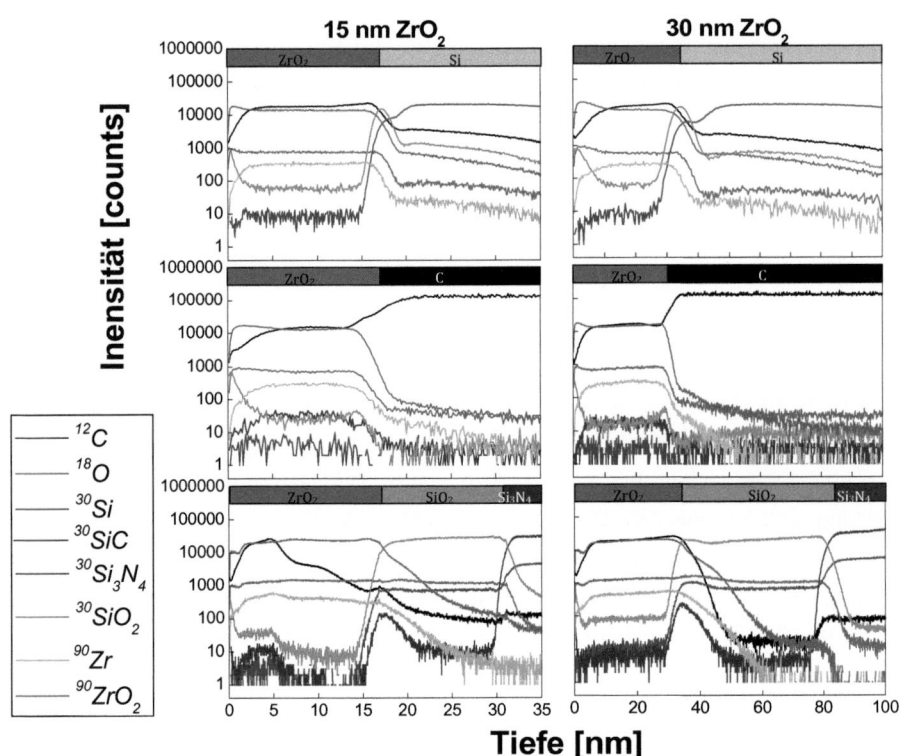

Abbildung 3-33: ToF-SIMS-Spektren von ZrO_2-Schichten ohne PEG (15 nm und 30 nm) auf unterschiedlichen Substratmaterialien (oben: ZrO_2/Si; mittig: ZrO_2/C; unten: ZrO_2/SiO_2/Si_3N_4), die bei 350 °C thermisch behandelt wurden.

Im Vergleich 15 nm- zu 30 nm-Schicht lassen sich für die Schichten auf Si und C keine Unterschiede erkennen. Die Ausbildung nativer Oxidschichten an der Oberfläche (2 bzw. 6 nm) und an der Grenzfläche ZrO_2/Si (~ 4 bzw. 8 nm) ist insbesondere beim Si-Substrat zu erkennen. Die Intensität des C- und des ZrO_2–Signals nimmt beim Übergang ZrO_2–Si ab und sinkt danach kaum noch. Auf Kohlenstoff zeigt nur das Oberfächen-SiO_2, das C-Signal steigt erwartungsgemäß beim Übergang zum Substrat an. Bei Verwendung von SiO_2/Si_3N_4/Si als Schichtstapel sind Unterschiede beim Verlauf des C-Signals hervor-zuheben. Während der Abfall des C-Signals für 30 nm-Schichten abrupt erfolgt, ist der Verlauf bei den dünneren Schichten konstant abfallend. Aus den Kurven für Zirkonium und Sauerstoff geht hervor, dass diese in allen Schichten in etwa im Verhältnis 1 : 2 vorliegen.

Während EDXS, EELS und ToF-SIMS nur Aussagen über die Elemente und deren Verteilung geben, können mit der FT-IR-Spektroskopie (*Fourier-Transform-Infrarot-spektroskopie*) und der *Röntgen*-Photoelektronenspektroskopie (*X-ray Photoelectron Spectroscopy*) Informationen über die Struktur chemischer Bindungen sowie über Bindungszustände in den Schichten erhalten werden. Des Weiteren bietet sie die Möglichkeit, die chemische Zusammensetzung von Oberflächen quantitativ und qualitativ zu bestimmen. Zudem zeigt die Methode eine hohe Oberflächensensitivität, da nur die ersten drei bis fünf Atomlagen einer Oberfläche zum Signal beitragen. [111]

Das Verfahren beruht auf dem äußeren Photoeffekt, nach dem Atome, Moleküle oder Festkörper Elektronen emittieren, wenn sie mit Photonen bestrahlt werden, deren Energie größer als die Austrittsarbeit Φ der Elektronen ist. Die maximale kinetische Energie ($E_{kin,\,max}$) dieses Elektrons ergibt sich nach

$$E_{kin,max} = h\nu - \Phi_S \tag{3-4}$$

Aus dieser Messgröße lässt sich die auf das Vakuumniveau bezogene Bindungsenergie der Elektronen nach

$$E_B^V = h\nu - \Phi_S - E_{kin} \tag{3-5}$$

berechnen. [112] Hierbei ist zu beachten, dass Φ_S die Austrittsarbeit des verwendeten Spektrometers bezeichnet (hier: 4,2 eV), und nicht die der Probe.

Nach der Bestrahlung kommt es zum Austritt eines Photoelektrons, in dessen Folge es zu einem Elektronenübergang aus einer energetisch höheren Lage in das entstandene Loch kommt (Abbildung 3-34 a). Durch Abgabe dieser Energie wird ein drittes Elektron, das sogenannte *Auger*-Elektron, aus dem Atomverband herausgelöst (Abbildung 3-34 b). Mittels XPS kann die elektronische Struktur der Molekülorbitale kernnaher Elektronen (Valenz-/ Oxidationszustand) und die daraus resultierende Bindungsenergie bestimmt werden.

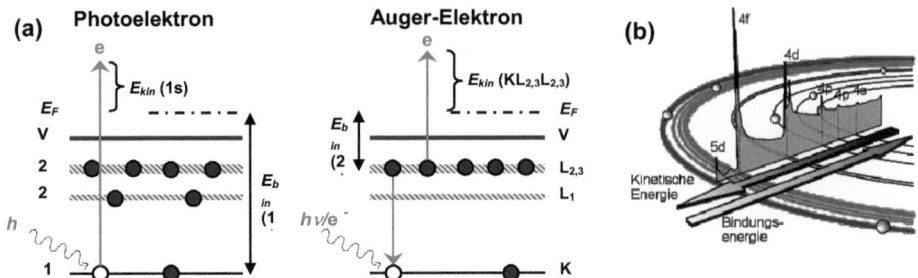

Abbildung 3-34: *Elektronenübergänge der Photo- und Auger-Emission (a) (E_F = Fermi-Niveau; E_{bin} = Bindungsenergie; E_{kin} = kinetische Energie; K, $L_1, L_{2,3}$: Energieniveaus; VB = Valenzband; $h\nu$ = Strahlungsenergie) und schematische Darstellung eines XPS-Spektrums (b) [113].*

Abbildung 3-35 zeigt ein XPS-Übersichtsspektrum einer PEG-freien Schicht nach einer Temperatur-behandlung bei 500 ℃. Auf der Probenoberfläche konnten Zr, O, C sowie Spuren von Hf nachgewiesen werden.

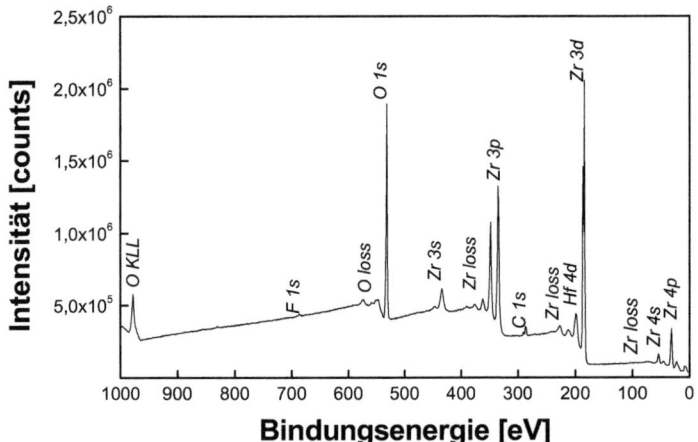

Abbildung 3-35: *XPS-Übersichtsspektrum einer ZrO_2-Schicht ohne PEG (Tempern: 1 min bei 500 ℃ an Luft).*

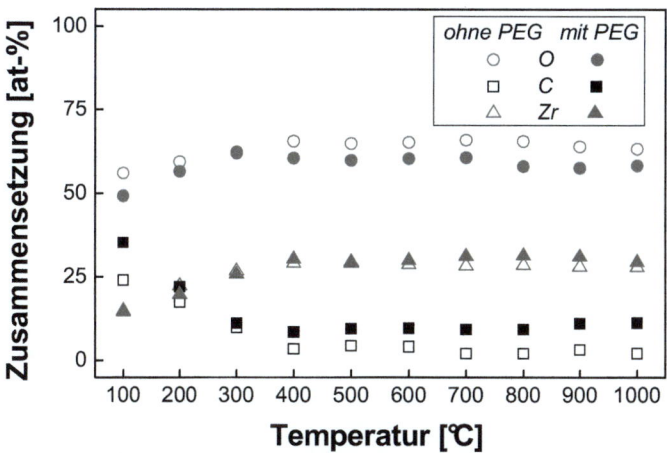

Abbildung 3-36: Berechnete Elementzusammensetzung der Oberfläche (bis 10 nm)
von ZrO₂-Schichten in Abhängigkeit von der Temperatur bei der Wärmebehandlung
(100 - 400 ℃: Hotplate/5 min/Luft; 500 - 1000 ℃: RTA/1 min/Luft). Der Fehler liegt bei
ca. ± 1 %.

Anhand der Peakintensitäten aus den Übersichtsspektren lässt sich die oberflächennahe Elementverteilung für die einzelnen Elemente berechnen. Das Ergebnis dieser Auswertungen ist in Abbildung 3-36 dargestellt. Im Temperaturbereich von 100 bis 400 ℃ kommt es zu Variationen der Zusammensetzung, welche auf die Evaporation der organischen Bestandteile zurückzuführen sind. Erwartungsgemäß sinkt der C-Anteil, während der Anteil an O und Zr zunimmt. Schichten mit PEG als Additiv weisen, im Vergleich zu PEG-freien Schichten, einen höheren Anteil an Kohlenstoff auf.

Das Atom- bzw. molare Verhältnis Zr : O : C beträgt durchschnittlich 1 : 2,3 : 0,1 (ohne PEG-Zusatz) bzw. 1 : 2 : 0,3 (mit PEG-Zusatz) für thermisch behandelte Schichten zwischen 400 und 1000 ℃ und gibt damit im Vergleich zu den Ergebnissen der EDX-Messung ein realeres Bild der Zusammensetzung der ZrOₓ-Schicht wieder. Die Quantifizierung der Elementgehalte der Schichten ergab einen deutlich höheren Anteil an Kohlenstoff für PEG-haltige Schichten als in den unmodifizierten Schichten. Ein Großteil des detektierten Kohlenstoffs ist dabei allerdings Oberflächenkontaminationen zuzuordnen.

Zur Untersuchung der Bindungszustände in den Schichten in Abhängigkeit von der Temperatur, wurden die Signale von Sauerstoff (O 1s), Kohlenstoff (C 1s) und Zirkonium

(Zr 3d) herangezogen. Die Ergebnisse dieser Messungen sind in Abbildung 3-37 zusammengefasst.

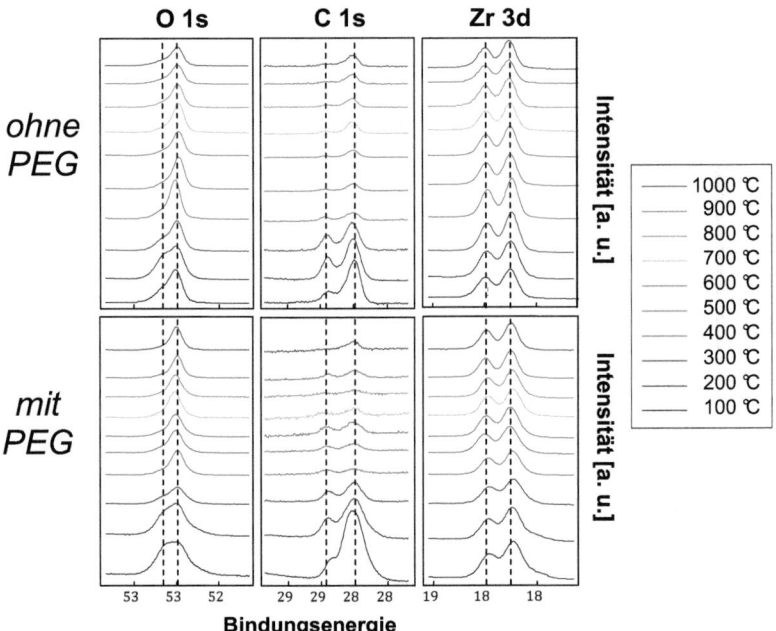

Abbildung 3-37: XPS-Spektren (Zr 3d, O 1s, C 1) für ZrO$_2$-Schichten ohne (oben) und mit PEG (unten) bei unterschiedlichen Temperaturen mit Lage der gemessenen Bindungsenergien.

Die energetische Lage der Emissionsspektren wurde auf die C 1s-Photolinie des aliphatisch gebundenen Kohlenstoffs (C-C, C-H) bei E_b = 285 eV [114] korrigiert. Im Bereich von Temperaturen bis 300 °C zeigen sich bre ite Signale. Insbesondere die O- und C-Peaks weisen darauf hin, dass sich noch organisches Material in den Schichten befindet. Im C 1s-Spektrum sind bei 285 und 288 eV durchgängig zwei C-Spezies zu erkennen, die Verunreinigungen der Oberfläche zugeschrieben werden können, da es sich um eine oberflächennahe Analysenmethode handelt und daher vor allem C-Kontaminationen detektiert werden. Weil diese Komponenten während der folgenden Experimente konstant bleiben, können sie als Untergrundsignal betrachtet werden und bei der folgenden Diskussion unberücksichtigt bleiben.

Die Bindungsenergien und die dazugehörigen Spezies sind in Tabelle 3-9 zusammengefasst. Die Werte der Bindungsenergien für Zr–O liegen mit 182,5 eV (Zr $3d_{5/2}$) und 185,0 eV (Zr $3d_{3/2}$) nahe den Literaturwerten (182,48 eV und 184,86 eV) [115], daneben wurden keine Zr-Spezies, wie Zr–C ($3d_{5/2}$: 178,6 – 179,6 eV; $3d_{3/2}$: 180,6 – 181,6 eV) [116] oder Zr–Si ($3d_{5/2}$: 183,0 eV; $3d_{3/2}$: 185,3 eV) [117] [118] gefunden.

Tabelle 3-9: Bindungsenergien der ZrO_2-Schichten für die Elemente O, C und Zr.

O 1s		C 1s		Zr 3d	
Bindungs-energie	Identifikation	Bindungs-energie	Identifikation	Bindungs-energie	Identifikation
530,0 eV	O-Zr	285 eV	sp^3	182,5 eV	Zr-O (Zr $3d_{5/2}$)
531,8 eV	O_{ads}	285,7 eV	C-OH, C-OR	185,0 eV	Zr-O (Zr $3d_{3/2}$)
		288,6 eV	C=O		

Ab 400 °C befinden sich keine signifikanten organischen Bestandteile mehr in den Schichten. Es sind keine merklichen Unterschiede zwischen den Bindungsenergien der Schichten ohne und mit PEG zu erkennen. Eine Verkürzung oder Verlängerung der Zr–O-Bindung – in Zusammenhang mit einer Phasenumwandlung – kann mit dieser Methode nicht festgestellt werden, da diese Veränderungen sich im Bereich von Millielektronenvolt abspielen würden und auf Grund des Auflösungsvermögens nicht detektierbar sind.

Mit Hilfe der Elastischen Rückstreuanalyse konnte die quantitative Zusammensetzung der Schicht bestimmt werden. Es handelt sich dabei um eine kernphysikalische Unter-suchungsmethode, die auf der elastischen Streuung schwerer Ionen mit den Atomen einer dünnen Festkörperprobe basiert und keinen Standard bedarf.

Die Ergebnisse der ERDA-Messung von vier Proben sind in Tabelle 3-10 zusammengestellt. Die 300 °C-Proben weisen erwartungsgemäß einen höheren Anteil an Kohlenstoff und Wasserstoff auf, als die bei 700 °C getemperten Proben (der C-Gehalt liegt unterhalb der Nachweisgrenze von 0,1 Atom%). Die Konzentrationen von Zirkonium, Sauerstoff und Hafnium bleiben hingegen annähernd gleich. Beim Vergleich zwischen den Proben mit PEG-Zusatz und denen ohne liegen die Unterschiede vor allem beim Kohlenstoff, dessen Anteil auf Grund des zugesetzten PEG erhöht ist. Zusammenfassend lässt sich sagen, dass die Proben bei Wärmebehandlung über 700 °C keine signifikanten Mengen an Kohlenstoff aufweisen und die gefundenen Verhältnisse mit den Ergebnissen aus den XPS-Messungen korrelieren.

Tabelle 3-10: Ergebnisse der ERDA-Messungen.

		KONZENTRATION [Atom%]				
		Zr	O	C	H	Hf
ohne PEG	300 °C-Probe	42,5	100	4,4	21,7	0,6
	Verhältnis	*1*	*2,35*	*0,10*	*0,51*	*0,01*
	700 °C-Probe	42,2	101	n.n.	9,8	0,5
	Verhältnis	*1*	*2,39*	*-*	*0,23*	*0,01*
mit PEG	300 °C-Probe	42,4	99	8,9	24,8	0,5
	Verhältnis	*1*	*2,33*	*0,21*	*0,59*	*0,01*
	700 °C-Probe	42,3	102	1,2	10,4	0,5
	Verhältnis	*1*	*2,41*	*0,03*	*0,25*	*0,01*

Bei der FT-IR Spektroskopie werden insbesondere die Absorptions- und Reflexions-prozesse durch Anregung von Gitterschwingungen untersucht. Dadurch können Aussagen über die Bindungsverhältnisse charakteristischer Gruppen in den Schichten getroffen werden. Im Bereich von 500 bis 7000 cm^{-1} wurden Übersichtsspektren von ZrO_2-Schichten, die bei unterschiedlichen Temperaturen behandelt wurden, aufgenommen. Zur Diskussion wurde nur der Wellenlängenbereich von 1770 bis 500 cm^{-1} herangezogen (Abbildung 3-38). Trotz des erhöhten Anteils an organischen Verbindungen in den Schichten mit PEG zeigt sich eine gute Übereinstimmung zu den Spektren der Schichten ohne PEG-Zusatz.

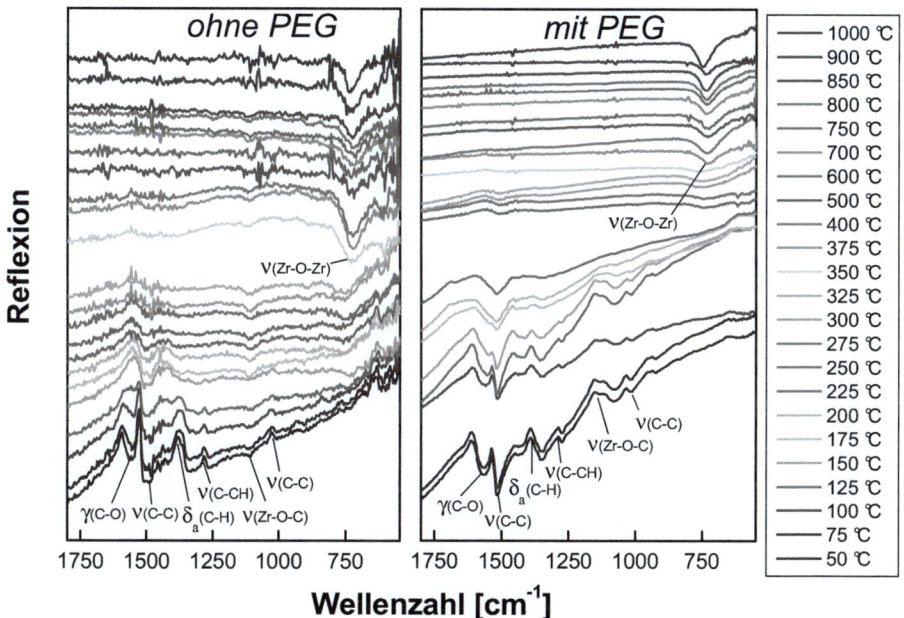

Abbildung 3-38: FT-IR Spektrum im Wellenlängenbereich von 1800 – 550 cm⁻¹ von ZrO₂-Schichten ohne und mit PEG-Zusatz bei verschiedenen Temperaturen.

Nach einer Wärmebehandlung im tieferen Temperaturbereich (< 200 °C) sind die Schwingungen des koordinierten Acetylacetons (~1600 - 1550 cm⁻¹; 1100 cm⁻¹) sowie die C–H-Schwingungen (~1400 cm⁻¹) deutlich zu erkennen. Mit Anstieg der Temperatur auf 275 °C verlieren diese Banden weiter an Intensität, bis sie vom Rauschen nicht mehr zu unterscheiden sind. Bei den Spektren ohne PEG-Zusatz zeigt sich ab einer Trocknungstemperatur von ca. 125 °C eine Verschiebung der Acetylaceton-Schwingung. Diese lässt sich als Zirkonium-Acetat-Schwingung identifiziert und wurde für ZrO_2-Sole von *Brenier* und *Gagnaire* [119] beschrieben. Sie geht auf *Poncelet et al.* [120] zurück, die diese Transformation bei Y_2O_3 beobachtet haben. Es handelt sich um eine Retro-*Claisen*-Reaktion, die wie folgt geschrieben werden kann:

$$Zr - AcAc \ + \ H_2O \ \xrightarrow[-CO(CH_3)_2]{} ZrOH \ + \ CH_3COOH \longrightarrow Zr - AcAc \ + \ H_2O$$

Bei 350 °C ist dann zum ersten Mal die Zr–O–Zr-Festkörperschwingung bei 710 cm⁻¹ zu sehen, deren Intensität mit steigender Temperatur noch deutlicher zu erkennen ist.

Die nähere Betrachtung der Zr–O–Zr-Schwingung zeigt, dass bei einer Temperatur von 1000 ℃ diese um ca. 10 cm^{-1} zu höheren Wellenzahlen – und damit zu einer größeren Bindungsstärke – verschoben ist (Abbildung 3-39). Eine Erklärung hierfür könnte eine beginnende Phasenumwandlung sein, die es gilt, mittels XRD näher zu untersuchen.

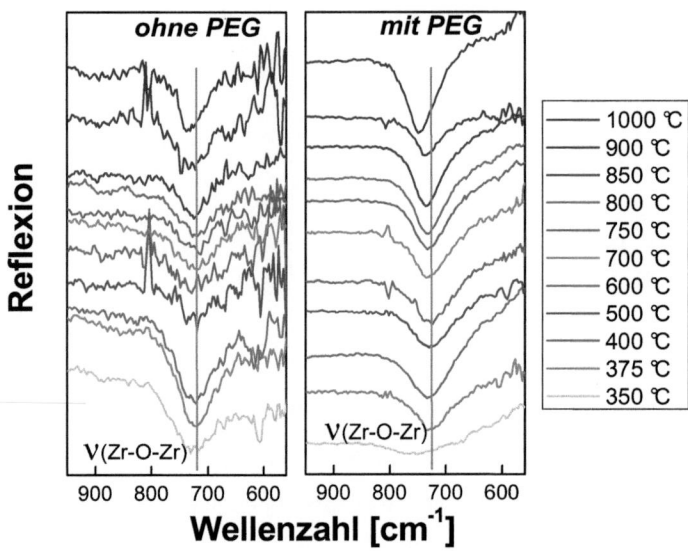

Abbildung 3-39: v (Zr–O–Zr)-Festkörperschwingung bei 710 cm^{-1} von ZrO$_2$-Schichten mit und ohne PEG-Zusatz bei verschiedenen Temperaturen.

In Tabelle 3-11 sind die relevanten Schwingungen noch einmal zusammengefasst. Es zeigt sich eine gute Übereinstimmung mit den Literaturwerten.

Tabelle 3-11: Zuordnung der Schwingungsbanden bei der Festkörper-FT-IR-Spektroskopie.

ZUORDNUNG		$\nu_{Literatur}$ in cm^{-1}	$\nu_{Spektrum}$ SCHICHT OHNE PEG		$\nu_{Spektrum}$ SCHICHT MIT PEG	
			in cm^{-1}	Bemerkung	in cm^{-1}	Bemerkung
$\nu(C–O)$	gebundenes Acetylaceton (Enol-Form)	1593 [119]	1590	sichtbar bis 125 °C	1570	sichtbar bis 150 °C
$\nu(C–O)$	gebundenes Acetat	1550 [119]	1550	sichtbar zwischen 150 - 200 °C	-	-
$\nu(C–C)$	gebundenes Acetylaceton (Enol-Form)	1530 [119]	1530	sichtbar bis 275 °C	1510	sichtbar bis 275 °C
$\nu(C–C)$	gebundenes Acetat	1440 [119]	1438	sichtbar bis 200 °C	-	-
$\delta_a(C–H)$	alle	1350-1400 [119]	1380	sichtbar bis 175 °C	1380	sichtbar bis 150 °C
$\nu(C–C–H)$	gebundenes Acetylaceton		1270	sichtbar bis 150 °C	1275	sichtbar bis 150 °C
$\nu(Zr–O–C)$	gebundenes Acetylaceton (Enol-Form)	1100-1200 [121]	1120	sichtbar bis 200 °C	1150	sichtbar bis 150 °C
$\nu(C–C)$	gebundenes Acetylaceton	1000 [90]	1030	sichtbar bis 150 °C	1020	sichtbar bis 150 °C
$\nu(Zr–O–Zr)$	Festkörper-schwingungen	710 [89]	710	erscheint ab 350 °C	720	erscheint ab 375 °C

3.4.3 Phasenanalyse

Das Prinzip der *Röntgen*-Diffraktometrie (XRD) basiert auf der Detektion von Beugungsereignissen als Funktion des Einstrahlwinkels, bei einer entsprechenden

Wellenlänge (*Bragg*, 1913)[122]. Dies wird durch die Wechselwirkung von *Röntgen*-Strahlung mit der Elektronenhülle der Probenatome erreicht und ermöglicht sowohl qualitative als auch quantitative Aussagen über die Phasenzusammensetzung sowie die strukturellen und mikrostrukturellen Eigenschaften einer Probe.

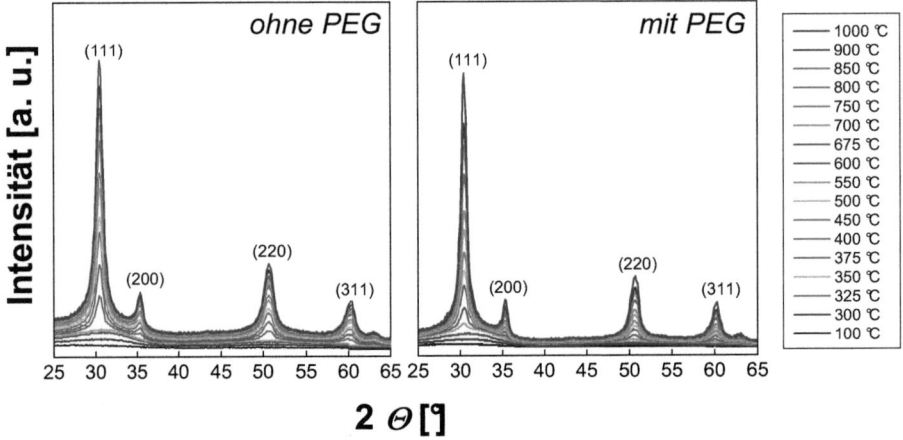

Abbildung 3-40: XRD-Spektren von den Schichten ohne und mit PEG-Zusatz bei verschiedenen Temperaturbehandlungen (100 °C bis 10 00 °C).

Für die röntgendiffraktometrischen Messungen wurden die beschichteten Wafer bei verschiedenen Temperaturen für 5 min (Hotplate: 50 - 400 °C) bzw. für 1 min (RTA: 450 - 1000 °C) behandelt. In der Abbildung 3-40 sind die Ergebnisse der Messungen gezeigt. Die nanokristallinen Schichten liegen in der tetragonalen Form vor.

In Abbildung 3-41 sind die Übergänge amorph → kristallin für beide Sole noch einmal detailliert gezeigt. Bei einer Temperatur von 375 °C findet der Phasenübergang zum tetragonalen ZrO_2 statt, während unterhalb dieser Temperatur die amorphe Phase vorliegt. Erst ab 1000 °C sind für die ZrO_2-Schicht mit PEG erste Anzeichen für monokline Phasenanteile sichtbar.

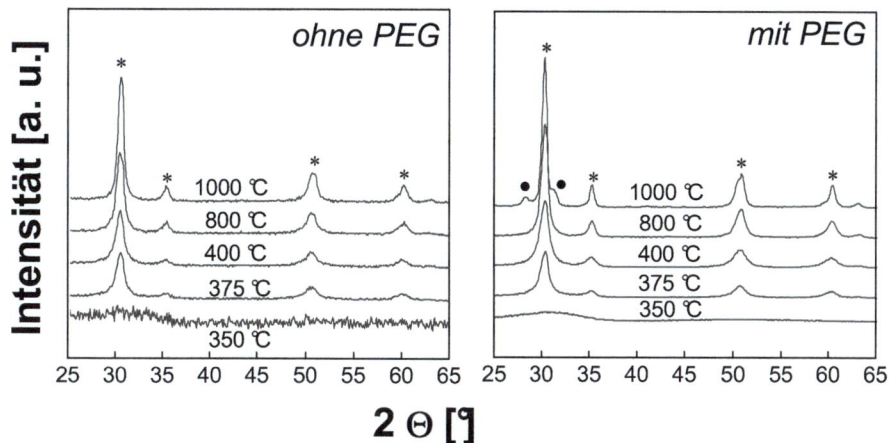

Abbildung 3-41: XRD-Spektren von Schichten ohne und mit PEG-Zusatz beim Übergang amorph → kristallin (* = kubisch/tetragonal, • = monoklin). Sowie zum Vergleich, das jeweilige Spektrum bei 800 und 1000 °C (RTA).

Mittels Raster-Transmissionselektronenmikroskopie (engl. *Scanning Transmission Electron Microscopy*) wurde eine PEG-haltige Schicht abgerastert (Abbildung 3-42). Die durch die Probe transmittierten Primärelektronen, deren Strom synchron zur Position des Elektronenstrahles gemessen wird, dienen als Bildsignal. Im Allgemeinen gilt, dass sich bei Verringerung der Kameralänge (elektronenoptisch wirksamer Abstand Probe – Bildschirm) der Materialkontrast erhöht. Wenn dieser Kontrast durch die Kristall-orientierung verursacht wird, würde er sich mit kleinerer Kameralänge verringern. Ein Kontrast, der durch starke Konzentrationsunterschiede verursacht wird, würde sich mit kleinerer Kameralänge erhöhen. Beide Effekte wurden in diesem Fall nicht beobachtet.

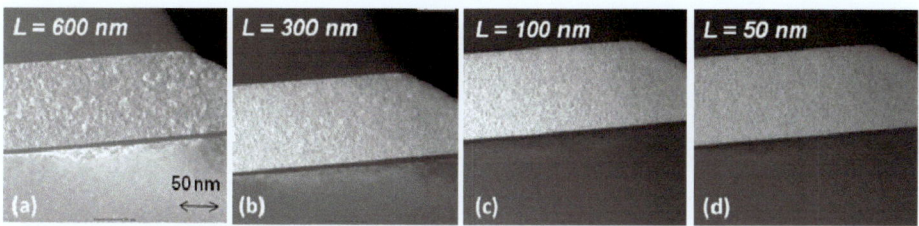

Abbildung 3-42: STEM-Aufnahmen einer ZrO₂-Schicht im Querschnitt (RTA: 700 °C, 1 min) in Abhängigkeit von der Kameralänge L zum Aufzeigen von Kristall-orientierungs- und Konzentrationsänderungen.

Anhand der *Scherer*-Gleichung lässt sich aus der Linienbreite unter Berücksichtigung der apparativen Linienverbreiterung die Kristallitgröße bestimmen. [123] Anfang der 1960er Jahre ließen sich aufgrund der großen Linienbreite nur Kristallite mit einer Größe > 5 nm detektieren. [124] Ein weiteres Problem bestand in der möglichen Störung durch Reflexe des Trägers. Nach neuerer Literatur [125] können mit den heutigen apparativen Möglichkeiten Kristallitgrößen ab ca. 2 nm mit Hilfe der Linienbreite nach *Scherrer* [126] ermittelt werden:

$$r = \frac{k \cdot \lambda}{\beta \cdot \cos \Theta} \tag{3-6}$$

r	Kristallitgröße [nm]
k	Korrekturfaktor für β (= 0,94)
λ	Wellenlänge der *Röntgen*-Strahlung (= 0,15406 nm)
β	apparatekorrigierte Linienbreite [nm^{-1}]
Θ	*Bragg*-Winkel [°]

$$\beta = (K_1^2 - K_2^2)^{1/2} = \left[\left(FWHM_{Probe} \cdot \frac{\pi}{180°} \right)^2 - \left(FWHM_{Gerät} \cdot \frac{\pi}{180°} \right)^2 \right]^{1/2} \tag{3-7}$$

FWHM   *Full-Width-Half-Maximum* = Halbwertsbreite (*FWHM$_{Gerät}$* = 0,35)

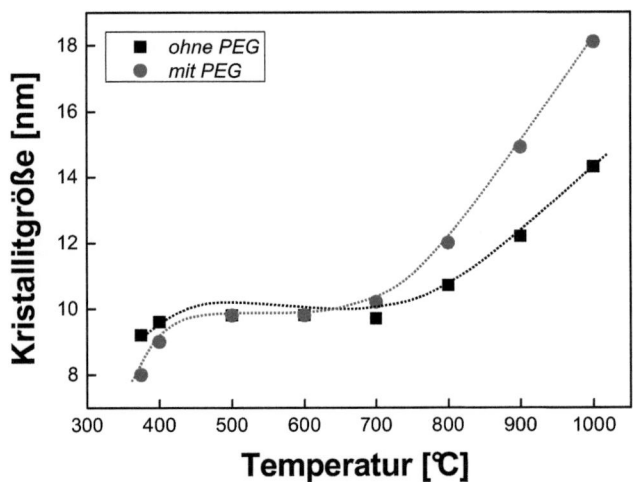

Abbildung 3-43: Kristallitgrößen in den Beschichtungen in Abhängigkeit von der Temperaturbehandlung (375 - 400 °C: Hotplate/5 min/ Luft; 500 - 1000 °C: RTA/1 min/Luft). Die gepunkteten Linien dienen zur Veranschaulichung des Trends.

Für die Bestimmung der Kristallitgröße in lateraler Ausdehnung wurde der *Bragg*-Winkel des (111)-Reflexes herangezogen. Die ermittelten Kristallitgrößen in Abhängigkeit von der Temperatur bei der Wärmebehandlung sind in Abbildung 3-43 dargestellt.

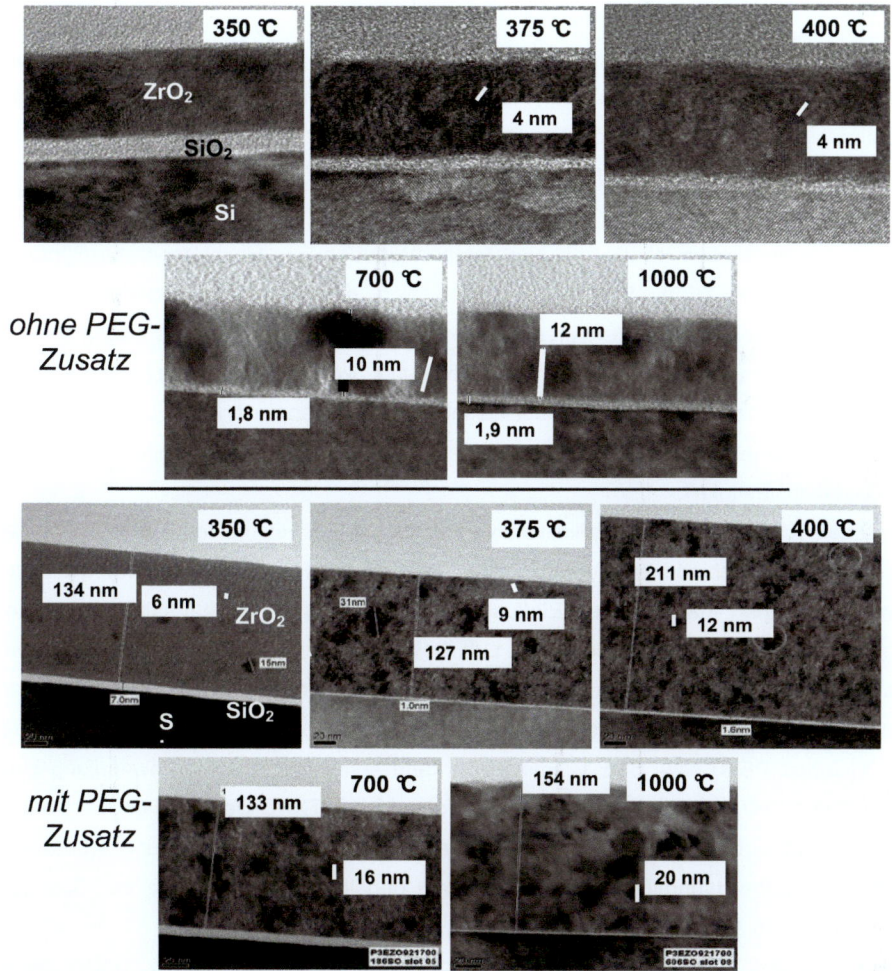

Abbildung 3-44: HRTEM-Aufnahmen von ZrO₂-Schichten ohne (oben) und mit PEG-Zusatz (unten) bei verschiedenen Temperaturen (350 – 400 °C: Hotplate/5 min/Luft; 700 und 1000 °C: RTA/1 min/Luft).

Bis zu einer Temperatur von 700 °C liegt die Kristallitgröße für die Schichten ohne und mit PEG-Zusatz bei 9 nm. Die Verwendung höherer Temperaturen (bis zu 1000 °C) führt zu einem Anstieg auf maximal 14 nm (ohne PEG) bzw. 18 nm (mit PEG). Dieses Ergebnis und die Resultate aus der Phasenanalyse lassen den Schluss zu, dass es bei Kristallitgrößen ab ca. 15 nm zu einer Änderung der Gitterparameter kommt, und in dessen Folge die monokline Phase ausgebildet wird. Ein sehr ähnliches Ergebnis wurde für ALD-Schichten von ZrO_2 beobachtet. [76]

Zur Bestimmung der Kristallitgröße in vertikaler Dimension wurde auf die hochaufgelöste Transmissionselektronenmikroskopie (HRTEM) zurückgegriffen. Gemäß Abbildung 3-44 korrelieren die Kristallitgrößen der Schichten mit und ohne PEG-Zusatz mit den berechneten Werten aus den XRD-Messungen.

Eine Spezialapplikation ist die zeit- und temperaturaufgelöste Hochtemperatur-*Röntgen*-Difftaktometrie (HTXRD). Sie gestattet zusätzlich die *in-situ* Charakterisierung der strukturellen Eigenschaften bei verschiedenen Temperaturen und Gasatmosphären. Die Temperaturerhöhung führt zu einer Aktivierung von unvollständig abgelaufenen chemischen Prozessen, wie Rekristallisation und Phasenreaktionen, und ermöglicht dadurch eine Überprüfung der stationären oder zyklischen thermischen Beständigkeit oder der Oxidationsfestigkeit.

Die Untersuchungen des Kristallisationsverhaltens erfolgte einmal an Luft sowie unter Stickstoff bei verschiedenen Aufheizraten (2, 10 und 20 K min^{-1}), wobei vor allem die Atmosphäre einen maßgeblichen Einfluss auf den Beginn der Kristallisation hat. Unter Stickstoff kommt es im Vergleich zu Luft bei einer Heizrate 10 K min^{-1} zu keiner Kristallisation. Die Differenzthermoanalysen der Sole weisen für die verschiedenen Atmosphären ein ähnliches Ergebnis auf. Der nur an Luft auftretende exotherme Peak bei 571 °C (ohne PEG) bzw. 616 °C (mit PEG) kann somit der Phasenumwandlung zum tetragonalen ZrO_2 zugeordnet werden. Die folgenden HTXRD-Untersuchungen wurden daher an Luft durchgeführt. Es wurde mit der angegebenen Heizrate bis zur gewünschten Temperatur geheizt und bei dieser für 30 min gehalten. Die Aufnahme der Spektren erfolgte dabei im Abstand von einer Minute.

Untersuchungen der Schichten bei verschiedenen Heizraten zeigen Unterschiede bezüglich des Kristallisationspunktes und der Signalintensität (Abbildung 3-45). Die Intensität wird durch die Anzahl der Streuzentren maßgeblich beeinflusst. Durch die Verdünnung des Sols ohne PEG-Zusatz mit Lösungsmittel ist der Feststoffgehalt – und damit die Anzahl an ZrO_2-Partikeln nach dem Temperschritt – im Vergleich zu PEG-haltigen Schichten geringer.

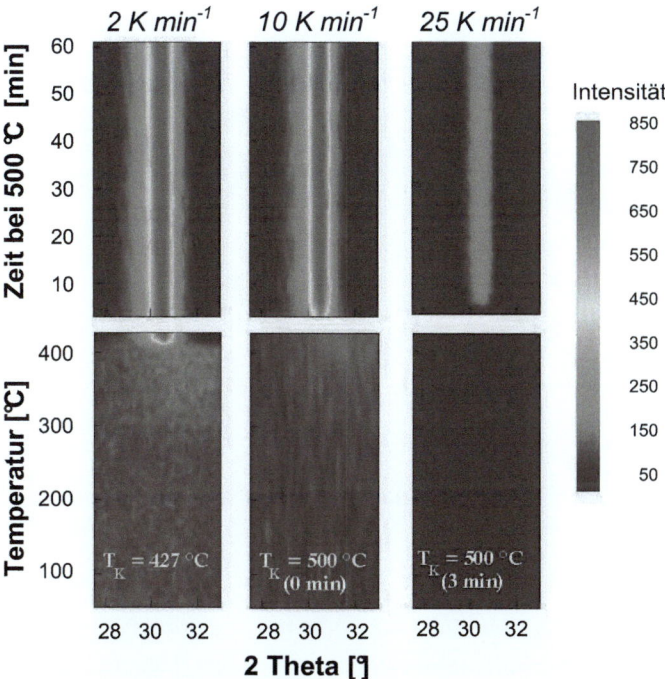

Abbildung 3-45: HTXRD im Bereich des (111)-Reflexes von ZrO₂-Schichten ohne PEG bei verschiedenen Heizraten an Luft (T$_{max}$ = 500 ℃).

HTXRD-Messungen zeigen, dass sich mit steigender Heizrate der Kristallisationspunkt zu höheren Temperaturen verschiebt bzw. die Dauer bis zur Kristallisation bei der Maximaltemperatur ansteigt Abbildung 3-46). Dies lässt sich mit der vermehrten Zeit für die Kristallisation bei niedrigen Heizraten begründen. Im Vergleich zu den ZrO₂-Schichten, die direkt (d. h. ohne Temperaturrampe) auf der Hotplate getrocknet wurden, sind diese Ergebnisse widersprüchlich. Bei dieser besonderen Temperaturführung werden die organischen Bestandteile innerhalb von wenigen Sekunden, statt Minuten (wie bei niedrigen Heizraten) entfernt, und die Kristallisation beginnt sofort im Anschluss. Es sollte also auch ein Ofenprozess zur Herstellung der ZrO₂-Schichten möglich sein. Allerdings funktioniert dies nicht bei den 400 nm-Schichten, da diese der thermischen Spannung länger ausgesetzt sind und reißen.

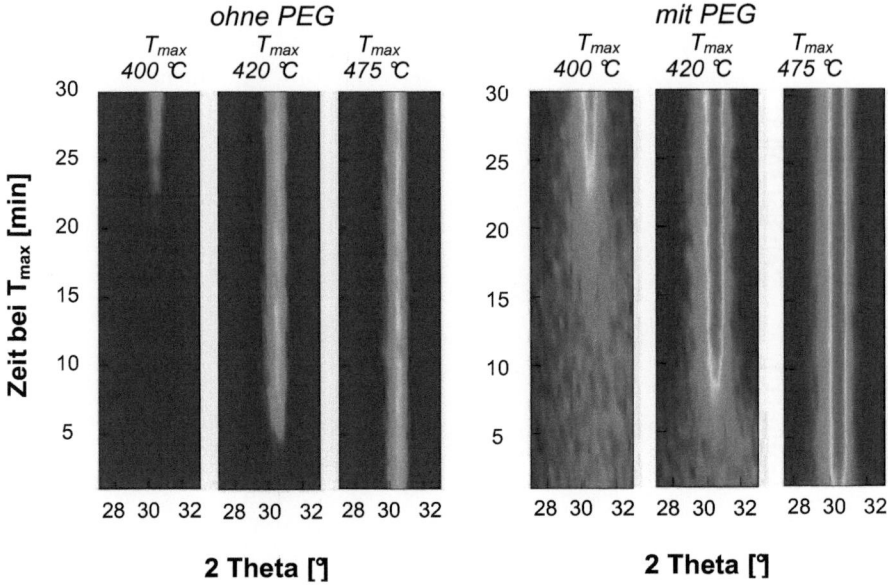

Abbildung 3-46: HTXRD von ZrO₂-Schichten mit und ohne PEG-Zusatz an Luft bei verschiedenen Haltetemperaturen (Heizrate 20 K min⁻¹). Gemessen für der (111)-Reflex.

3.4.4 Mechanische Eigenschaften der ZrO₂-Schichten

Bei einer klassischen Härtemessung wird die Kontaktsteifigkeit nur einmal (am Entlastungspunkt) bestimmt und die Kontaktfläche anhand der Vermessung der maximalen Eindringtiefe sowie der Geometrie des Eindruckkörpers (Indenter) berechnet werden. In Abbildung 3-47 ist dies schematisch dargestellt.

Bei der Bestimmung von mechanischen Eigenschaften dünner Filme besteht aber immer die Gefahr, dass die mechanischen Eigenschaften des Substrats die Messung beeinflussen. Daher gilt die Norm, dass die Eindringtiefe nicht mehr als 10% der Schichtdicke des Films betragen darf. [127] Um auch den Härteverlauf über die Tiefe von sehr dünnen Schichten bestimmen zu können, wurde im Rahmen dieser Arbeit das Verfahren der quasi-kontinuierlichen Steifigkeitsmessung (*Quasi Continuous Stiffness Measurement* QCSM) angewandt. Dabei wird die Kontaktsteifigkeit der Probe nicht nur am Entlastungspunkt bestimmt, sondern für viele Punkte während des Eindringvorgangs, wodurch Härte und Elastizitätsmodul tiefenabhängig an ein und demselben Probenort ermittelt werden können. Zusätzlich wird auch die Empfindlichkeit der Messung bei kleinen Kräften erhöht, so dass sich Steifigkeitswerte bereits für sehr geringe Kräfte und Eindringtiefen ermitteln lassen.

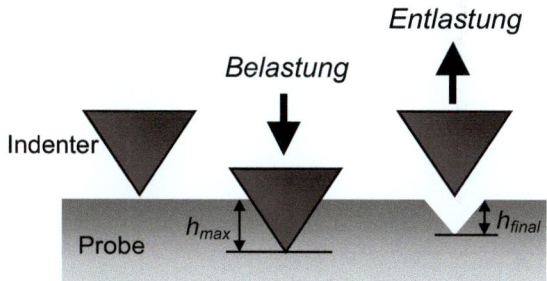

Abbildung 3-47: Schematische Darstellung der Mikrohärteprüfung (Nanoindentation). Der Indenter wird mit einer definierten Kraft (Last L) in die Probe gepresst und anschließend wieder entlastet. Die Höhe der resultierenden Verformung (h_{Final}) gibt Aufschluss über die Härte und das elastische Verhalten der Probe.

Aus der experimentell bestimmten Belastungs-Entlastungs-Kurve (Abbildung 3-48) können unter anderem die Härte und der elastischer Eindringmodul (dieser Modul kann mit dem Elastizitätsmodul des Prüfmaterials verglichen werden) bestimmt werden. Vor der Messung wird die Kontaktfläche in Abhängigkeit von der Eindringtiefe für den Indenter ermittelt (die sogenannte kalibrierte Spitzenflächenfunktion).

Der Elastizitätsmodul oder E-Modul (auch: Zugmodul, Elastizitätskoeffizient oder *Young*-Modul) ist eine Materialkenngröße aus der Werkstofftechnik, welche den Zusammenhang zwischen Spannung und Dehnung bei der Verformung eines festen Körpers bei linear elastischem Verhalten beschreibt. Der Betrag des Elastizitätsmoduls ist umso größer, je größer der Widerstand eines Materials gegenüber seiner Verformung ist.

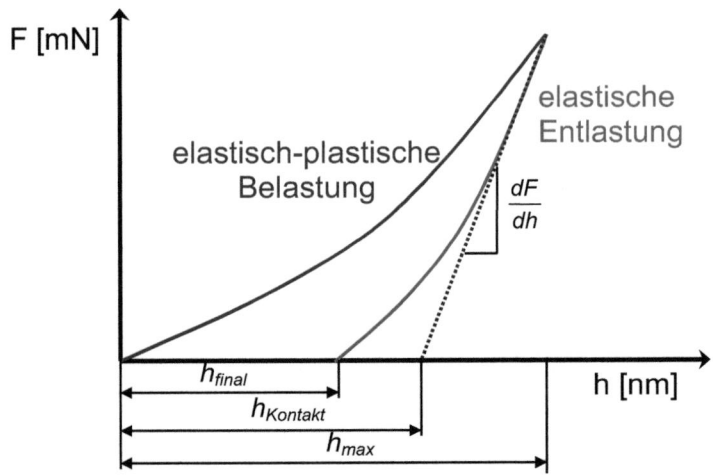

Abbildung 3-48: Typische Kraft–Eindringtiefe-Kurve bei der Nanoindentation.

Der Elastizitätsmodul ist von den Umgebungsbedingungen, wie z. B. Temperatur, Feuchte oder der Verformungsgeschwindigkeit abhängig und hat keinen strengen Bezug zur Härte eines Materials. Die Härte eines Werkstoffes definiert sich durch die Kraft, die notwendig ist, damit eine plastische Verformung einsetzt.

Aus diesen Kraft–Eindringtiefe-Kurven lassen sich die Größen zur Berechnung von Härte und reduzierter E-Modul ablesen. [128]

Kontakttiefe: $h_{Kontakt} = h_{max} - \varepsilon \dfrac{F_{max}}{S}$ (3-8)

Kontaktfläche: $A_{Kontakt} = 24{,}5 \cdot h_{Kontakt}^2$ (3-9)

Härte: $H = \dfrac{F_{max}}{A_{Kontakt} \cdot h_{Kontakt}}$ (3-10)

reduzierter E-Modul: $E_r = \dfrac{1}{\beta} \dfrac{\sqrt{\pi}}{2} \dfrac{S}{\sqrt{A_{Kontakt}}}$ (3-11)

$h_{Kontakt}$	Kontakthöhe [nm]
h_{max}	Maximalhöhe [nm]
ε	Geometriefaktor des Indenters (*Berkovich*-Indenter: 0,75 [129])
F_{max}	Maximalkraft [mN]
$A_{Kontakt}$	Kontaktfläche (für *Berkovich*-Indenter) [nm^2]

E_r	reduzierter Elastizitätsmodul (ohne Berücksichtigung der Spitzen-verformung) [GPa]
β	Geometriefaktor des Indenters (*Berkovich*-Indenter: β = 1,034 [130])
S	Kontaktsteifigkeit (= dF/dh) [N nm^{-1}]

Im nach Gleichung 3-10 ermittelten, sogenannten reduzierten E-Modul ist die elastische Deformation, welche die Messspitze während des Materialkontaktes erfährt sowie der Substrateinfluss noch nicht berücksichtigt. Der tatsächliche E-Modul einer Probe kann wie folgt bestimmt werden: [131] [132]

$$E_F = \frac{1-v_F^2}{\dfrac{1}{E_r} - \dfrac{1-v_I^2}{E_I} - \dfrac{1-v_S^2}{E_S}} \qquad (3\text{-}12)$$

E_F	Elastizitätsmodul der Probe [GPa]
E_S	Elastizitätsmodul des Substrates ($E_{Si<110>}$ = 169,0 GPa [176])
E_I	Elastizitätsmodul des Eindringkörpermaterials ($E_{Diamant}$ = 1140 GPa [133])
v_S	*Poisson*-Zahl (= Querkontraktionszahl) der Probe (v_{ZrO2} = 0,25 [134])
v_S	*Poisson*-Zahl des Substrates ($v_{Si<110>}$ = 0,27 [176])
v_I	*Poisson*-Zahl des Eindringkörpermaterials ($v_{Diamant}$ = 0,07 [133])

Da instrumentierte Eindringversuche heute nahezu ausschließlich mit Diamantspitzen durchgeführt werden, wird der elastische Anteil des Indenters an der Verformung nur noch selten berücksichtigt. Daher wird in der Literatur fast immer der reduzierte E-Modul angegeben. Ein sehr großer Einfluss auf den E-Modul wird bei Untersuchungen dünner Schichten dem Substrat zugeschrieben. Durch Kenntnis der Härte, des E-Moduls und der *Poisson*-Zahl des Substrates, lässt sich der E-Modul der untersuchten Schicht berechnen.

Für die Untersuchung der Zusammenhänge zwischen der Temperaturbehandlung, Filmhärte und E-Modul wurden ZrO$_2$-Schichten auf Si-Wafern aufgebracht und bei Temperaturen von 300 °C, 700 °C und 1000 °C thermi sch behandelt. Die Schichtdicke wurde durch mehrmaliges Aufschleudern und anschließendes Tempern mittels RTA erhöht. Die Filmdicken lagen im Bereich von 224 - 233 nm für Schichten ohne PEG-Zusatz und 131 - 176 nm mit PEG.

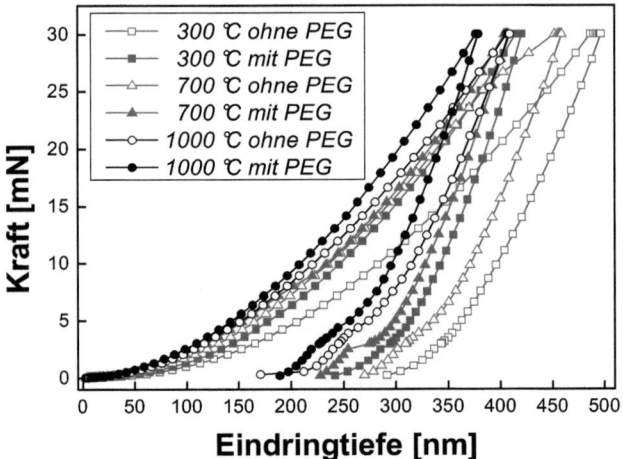

Abbildung 3-49: Kraft–Eindringtiefe-Kurven der Proben ohne und mit PEG-Zusatz bei unterschiedlichen Temperaturen. Die Linien dienen zur Verdeutlichung des Trends.

Die entsprechenden Kraft–Eindringtiefe-Kurven sind in Abbildung 3-49 zu sehen. Die Proben mit PEG zeigen im Vergleich zu denen ohne PEG eine höhere Eindringtiefe bei gleicher Kraft. Insbesondere die Proben die bei 700 °C bzw. 1000 °C behandelt wurden, weisen im Verlauf der Entlastung ein abknicken der Werte auf. Dieses Ergebnis lässt darauf schließen, dass es zum Abplatzen der Schicht auf Grund von zu hoher mechanischer Belastung gekommen ist.

Die Kurven in Abbildung 3-50 stellen jeweils das Härteverhältnis (bezogen auf den gemessenen Verlauf im Substrat: 10,7 ± 0,15 GPa) dar. Im direkten Vergleich zeigen die PEG-haltigen ZrO_2-Schichten ein höheres Härteverhältnis als ihre Homologen ohne PEG.

Alle Kurven für Eindrucktiefen größer als die Schichtdicke sollen gegen 1 laufen. Dies ist aber durchaus nicht immer der Fall, was entweder daran liegt, dass die Eindrucktiefe nicht groß genug war, oder dass *pile-up* - (Verformung des Werkstoffes nach oben und Bildung eines Walls) bzw. *sink-in* - Effekte (Verformung des Werkstoffes nach unten, wobei ein Eindruck hinterlassen wird) auftreten.[135] Extreme Härtewerte bei besonders kleinen Eindringtiefen können dabei durch Messfehler oder eine für sehr kleine Eindringtiefen die Indenterspitze ungenügend abbildende Indenterflächenfunktion verursacht worden sein. Eine Belastung mit größeren Kräften ist aber nicht möglich, da die Schichten sonst abplatzen. Daher bleibt diese Frage offen.

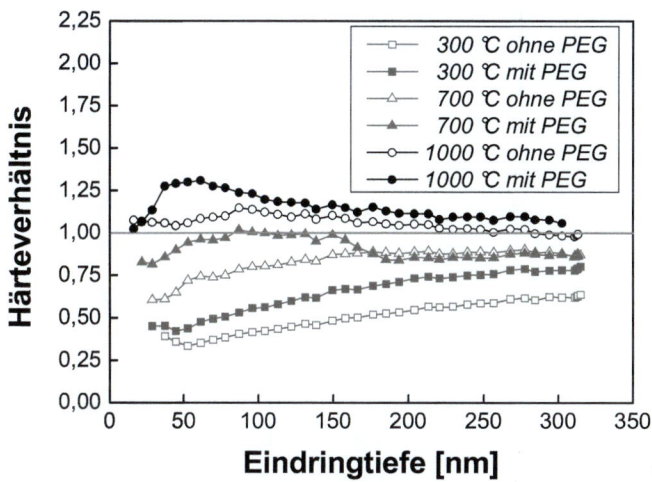

Abbildung 3-50: Härteverhältnis in Abhängigkeit zur Eindringtiefe für die Proben ohne und mit PEG-Zusatz bei unterschied-lichen Temperaturen. Die graue Linie symbolisiert die Substrathärte. Die Linien dienen zur Verdeutlichung des Trends.

Dieser Effekt zeigt sich insbesondere bei der Probe mit PEG-Zusatz, welche bei 700 °C getempert wurde. Ab einer Eindringtiefe von 150 nm sinkt das Härteverhältnis wieder ab. Zur Verifizierung wurde die Probe bei unterschiedlichen Maximalkräften belastet und die Eindrücke unter dem Mikroskop untersucht. Wie in Abbildung 3-51 zu sehen, führt die Indentation bei 500 mN zum Abplatzen der Schicht, während bei 100 mN der Film intakt bleibt.

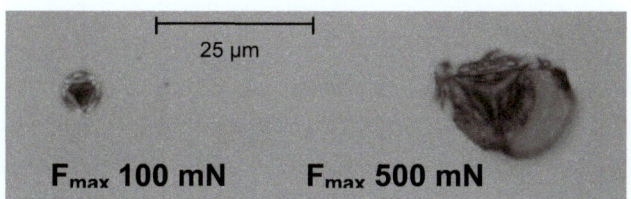

Abbildung 3-51: Mikroskopische Aufnahme der Probe mit PEG-Zusatz (700 °C) bei unterschiedlichen Maximalkräften. Bei 500 mN kommt es zum Abplatzen der Schicht.

Die angegebenen elastischen Konstanten werden aus rein elastischen Messungen mit einem Kugelindenter bestimmt. Anhand eines zusätzlichen Software-Moduls, das es gestattet, die Last-Eindringtiefe-Kurven von elastischen Eindrücken mit kugelförmigen

Prüfspitzen für beschichtete Proben zu berechnen, lässt sich der E-Modul von sehr dünnen Schichten aus einem Fit der Kraft-Eindringtiefe-Kurve mit Hilfe des Modells ermitteln.

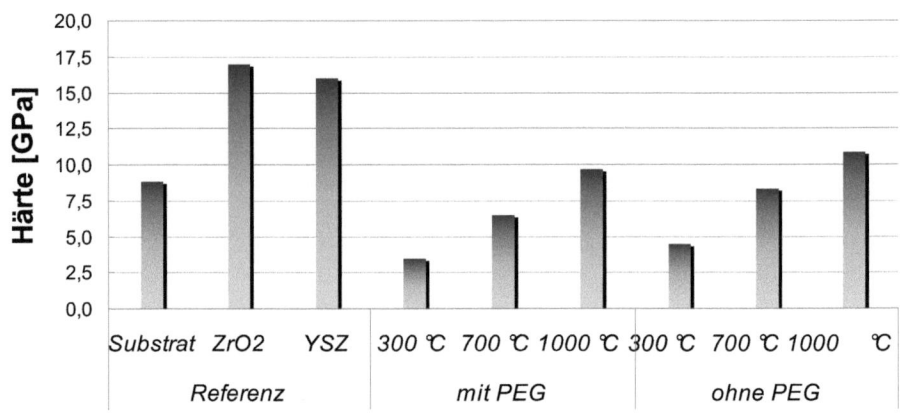

Abbildung 3-52: Einfluss der Endtemperatur bei der Temperaturbehandlung auf die Härte für Schichten mit und ohne PEG. Im Vergleich zu keramischem ZrO_2 [136] und 21 %iges YSZ [137].

Im Temperaturbereich von 300 – 1000 ℃ kann ein stetiger Anstieg der relativen Härtewerte beobachtet werden (Abbildung 3-52). Im direkten Vergleich liegen die Werte der PEG-haltigen Schichten signifikant über denen der PEG-freien. Aufgrund der abweichenden Abscheidungsbedingungen (mehrere Beschichtungen mit jeweils Wärme-behandlung), sind nur bedingt Schlüsse aus den Ergebnissen zu ziehen.

In Abbildung 3-53 sind die erhaltenen E-Module als Balkendiagramm für die einzelnen Proben dargestellt. Zum besseren Vergleich sind sowohl der E-Modul für das Substrat als auch für keramisches ZrO_2 und YSZ abgebildet. Mit steigender Temperatur bei der Wärmebehandlung ist auch ein Anstieg des E-Moduls für beide Probenreihen zu verzeichnen. Dieses Ergebnis lässt darauf schließen, dass der Widerstand der ZrO_2-Schichten gegenüber seiner Verformung zunimmt. Im direkten Vergleich zeigen die Proben mit PEG-Zusatz ein um ca. 20 GPa höheren E-Modul.

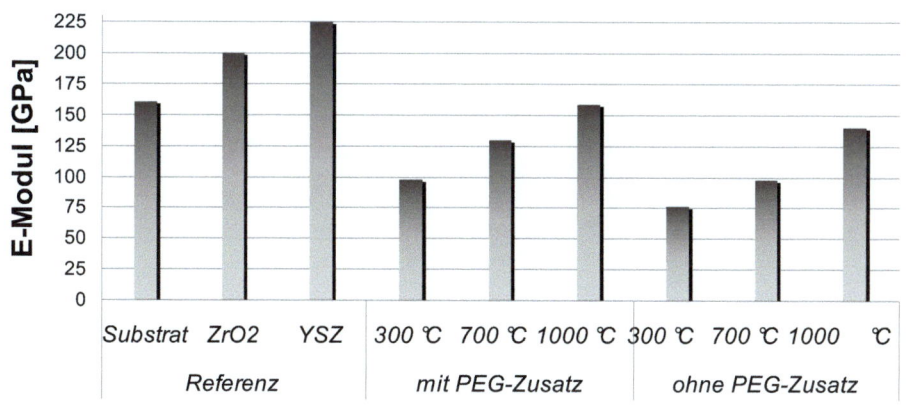

Abbildung 3-53: Einfluss der Endtemperatur bei der Temperaturbehandlung auf den Elastizitätsmodul für Schichten mit und ohne PEG. Im Vergleich zu keramischem ZrO₂ [136] [137] und 21 %iges YSZ [137].

Die vom normalen Prozedere der Abscheidung abweichenden Bedingungen machen aber einen Vergleich zu den Erkenntnissen aus den anderen Analsyenmethoden nahezu unmöglich.

3.4.5 Mikrostrukturelle Untersuchungen der Schichten mittels XRR und AFM

Mit Hilfe der *Röntgen*-Reflektometrie lassen sich Informationen wie Filmdicke, Elektronendichte (~ Materialdichte) und Rauheit von amorphen oder kristallinen Einfach- und Mehrfachschichten ermitteln. Das Prinzip der Messung beruht auf der Brechung der *Röntgen*-Strahlung an Grenzflächen mit verschiedenen Brechungsindizes n.

Die Probe wird mit monochromatischem *Röntgen*-Licht der Wellenlänge λ unter einem Glanzwinkel ω bestrahlt und die unter einem Winkel 2Θ zur Einfallsrichtung reflektierte Intensität gegen den Reflexionswinkel aufgetragen (Abbildung 3-54). Unter der Voraussetzung der spekulären Reflexion (ohne Streuung) an der Probe, d. h. es gilt $\omega = (2\Theta)/2$ gilt (Einfallswinkel Θ = Ausfallswinkel Θ').

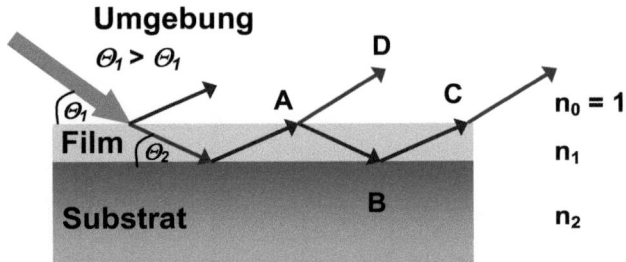

Abbildung 3-54: Reflektion an einer dünnen Schicht: Der einfallende Strahl wird innerhalb der Schicht mehrfach reflektiert. Die Reflektivität ergibt sich durch korrektes aufsummieren der einzelnen reflektierten Strahlen (A+B+C+D+...).

Röntgen-Strahlung liegt mit Energien im Bereich von 10 keV weit oberhalb der Bindungsenergien der meisten Elektronen eines Atoms. Dies hat zur Folge, dass der Brechungsindex von Materie für *Röntgen*-Strahlen geringfügig kleiner 1 ist. Üblicherweise wird daher n in folgender Form geschrieben: [138]

$$n = 1 - \delta + i\beta \tag{3-13}$$

Der Parameter δ berücksichtigt dabei die Dispersion, β die Absorption. Diese Parameter stehen wiederum mit der Elektronendichte ρ_e und dem linearen Absorptionskoeffizienten μ des betrachteten Materials in Zusammenhang:

$$\delta = \frac{2\pi}{\vec{k}^2} \rho_e r_0 \qquad \text{und} \qquad \beta = \frac{\mu}{2\vec{k}} \tag{3-14}$$

$\quad \vec{k}$ Wellenvektor der einlaufenden Welle ($= 2\pi/\lambda$)

$\quad r_0$ Elektronenradius [nm]

Die Herleitung der Formeln (3-13) und (3-14) sei auf die Literatur verwiesen. [139]

Grundlage der Reflexion von *Röntgen*-Strahlung an Grenzflächen ist ein Unterschied in der Elektronendichte der benachbarten Schichten, welcher der Differenz der Brechungs-indices in der klassischen Optik entspricht (*Snellius*sche Brechungsgesetz): [140]

$$n_1 \cos\Theta = n_2 \cos\Theta' \tag{3-15}$$

Im Bereich sehr flacher Einfallswinkel bis zum kritischen Winkel (~ 0,2 °) herrscht Totalreflexion. Aus dem kritischen Winkel lässt sich die Schichtdichte d bestimmen. Für größere Winkel kommt es an den planparallelen Schichten zu winkelabhängigen Schichtdickeninterferenzen, aus deren Periode die Schichtdicken und aus deren Abfall die Grenzflächenrauheiten ermittelt werden können. Dieses Reflexionsverhalten kann an Hand der klassischen Theorie (*Fresnel*-Gleichungen [141]) analysiert und berechnet werden. Typische Messbereiche erstrecken sich von 0 - 5°.

Im Vergleich zu idealen Proben mit glatten Grenzflächen, kommt es bei realen Proben aufgrund von Oberflächenunebenheiten zu keinem abrupten Sprung in der Dichte bzw. dem Brechungsindex – die Oberfläche ist auf atomarer Ebene rau. Diese Rauheit bewirkt einen Intensitätsabfall des spekulären Strahls und zusätzliche diffuse Streuung.

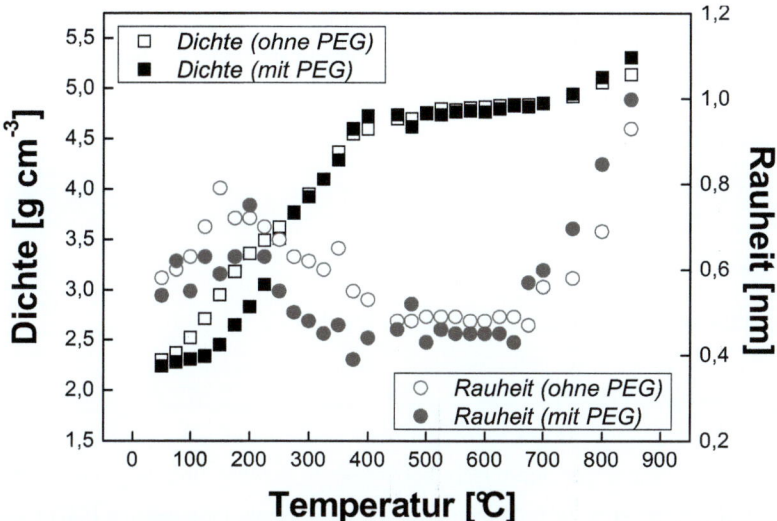

Abbildung 3-55: Einfluss der Ausheiztemperatur auf die Dichte und Rauheit von ZrO$_2$-Schichten (50 – 400 °C: Hotplate/5 min/Luft; 500 – 850 °C: RTA/1 min/Luft).

Die Ergebnisse der XRR-Messungen für die Dichte und Rauheit in Abhängigkeit von der Temperatur beim Ausheizen sind in Abbildung 3-55 dargestellt. Wie zu erwarten, kommt es zu einem Anstieg der Dichte mit der Temperatur im Bereich von 50 bis 375 °C, wobei die Werte der PEG-haltigen Schichten etwas unter denen ohne Zusatz liegen. Zurückzuführen ist dieses Ergebnis auf die Evaporation der organischen Bestandteile. Zwischen 400 und 700 °C ist nur noch eine geringfüg ige Verdichtung zu verzeichnen. Erst ab 750 °C kommt es wieder zu einem Anstieg der Dich te. Es gibt keine signifikanten

Unterschiede im Verlauf und den Werten zwischen den PEG-freien und PEG-haltigen Schichten.

Dieser Umstand lässt sich am ehesten mit der Kristallitgröße erklären, da diese in diesem Temperaturbereich annähernd gleich sind und sich auch nicht ändern. Allerdings liegen die realen Dichten unter den theoretischen Werten für monoklines (5,6 g cm^{-3}) und tetragonales *bulk*-Material (6,09 g cm^{-3}). [54] Dieses Ergebnis wurde schon von *Yoldas* [142] und *Mehner* [134] beschrieben. Die Werte der Rauheiten sind nur bedingt aussagekräftig, da sie berechnet sind und nur innerhalb einer Messreihe miteinander vergleichbar sind. Im Temperaturbereich zwischen 400 und 700 °C sind die Rauheiten annähernd konstant und steigen bei 850 °C auf Werte von ca. 1 nm an. Diese Ergebnisse werden anschließend mit den Ergebnissen der AFM-Untersuchungen verglichen.

Der Anstieg der Dichte sowie der Härte kann auch auf den Rückgang der Porosität zurückgehen, was der Brechungsindex vermuten lässt. Die Porosität P ist als Verhältnis des Porenvolumens zum Gesamtvolumen der Schicht definiert. Für homogene Schichten lässt sich die Gesamtporosität (offen und geschlossen) theoretisch nach *Yoldas* aus den Brechungsindices berechnen: [143]

$$P = 1 - \frac{n_{por\ddot{o}s}^2 - 1}{n_{dicht}^2 - 1} \qquad mit \qquad n_{t-ZrO_2\ dicht} = 2,16 [144] \qquad (3-16)$$

Die Porosität steht im folgenden Verhältnis zur Dichte:

$$P = 1 - \frac{\rho_{por\ddot{o}s}}{\rho_{dicht}} \qquad (3-17)$$

wobei $\rho_{por\ddot{o}s}$ die Dichte der thermisch behandelten Schicht und ρ_{dicht} die Dichte einer dichten ZrO$_2$-Schicht ist (z. B. 6,09 g cm^{-3} für die tetragonale Orientierung [54]).

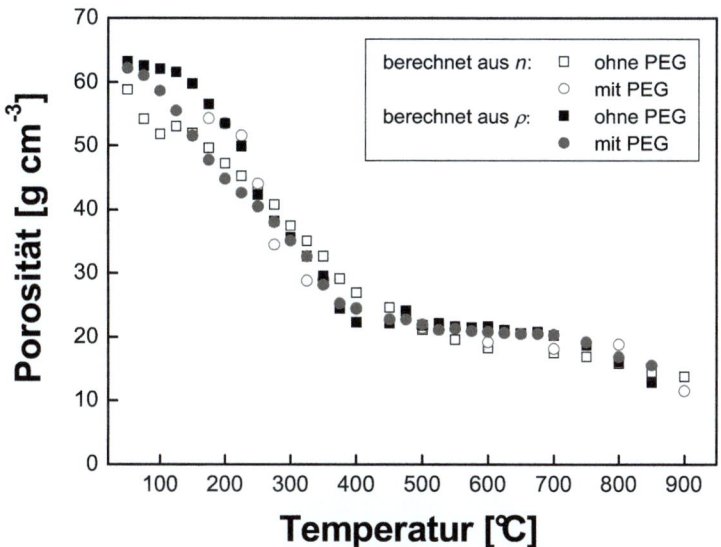

Abbildung 3-56: Porositäten berechnet sowohl aus den Dichten als auch den Brechungsindices in Abhängigkeit von der Temperatur für ZrO₂-Schichten mit und ohne PEG (50 – 400 ℃: Hotplate/5 min/Luft; 500 – 8 50 ℃: RTA/1 min/Luft).

In Abbildung 3-56 sind die Porositäten in Abhängigkeit von der Temperatur bei der Wärmebehandlung für die Schichten mit und ohne PEG-Zusatz gezeigt. Da die Werte indirekt berechnet werden und nicht direkt bestimmt werden, hängen sie unmittelbar mit den Brechungsindices bzw. der Dichte zusammen. Die Kurvenverläufe können – wie bei der Dichte, dem Brechungsindex, Kristallitgröße sowie der Härte und dem E-Modul – in drei Bereiche eingeteilt werden: Zwischen 50 und 350 ℃ ist der größte Abfall der Porosität zu beobachten (von 62 auf ca. 20 %), was auf die Entfernung der organischen Bestandteile in diesem Bereich zurückzuführen ist. Schichten, die bei Temperaturen zwischen 375 und 700 ℃ behandelt wurden, zeigen an nähernd konstante Werte. Ab 750 ℃ ist ein weiterer Abfall der Porosität zu ver zeichnen.

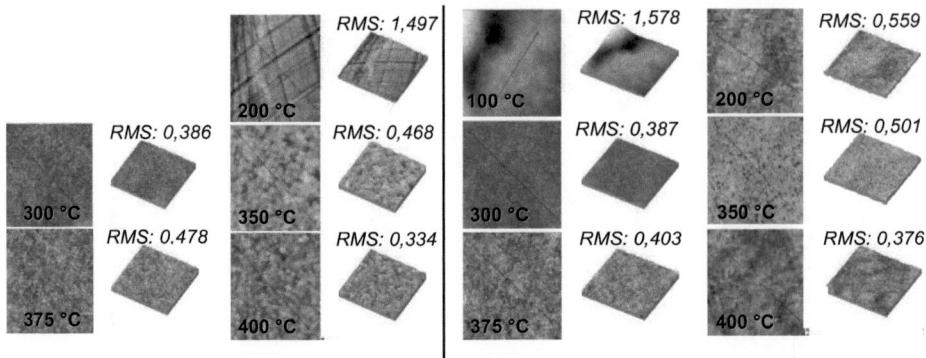

Abbildung 3-57: AFM-Bilder und Rauheiten von ZrO₂-Schichten ohne (links) und mit PEG-Zusatz (rechts) bei verschiedenen Temperaturen (Hotplate/5 min/Luft).

Die Raster-Kraft-Mikroskopie (*Atomic Force Microscopy*) liefert Informationen über die Topographie, Oberflächenladung und Plastizität der Probe mit einer Auflösung im Nanometerbereich. Diese Vielfalt an Informationen macht AFM zu einem wertvollen Werkzeug in der Festkörperphysik, Chemie, Oberflächenchemie und Halbleiterphysik. Neben der Identifikation der Gefügebestandteile lassen die verschiedenen mikroskopischen Methoden Informationen über die Korn- und Porengrößen sowie deren Verteilungen, Volumenanteile einzelner Phasenanteile und die Analyse der Kornform gewinnen.

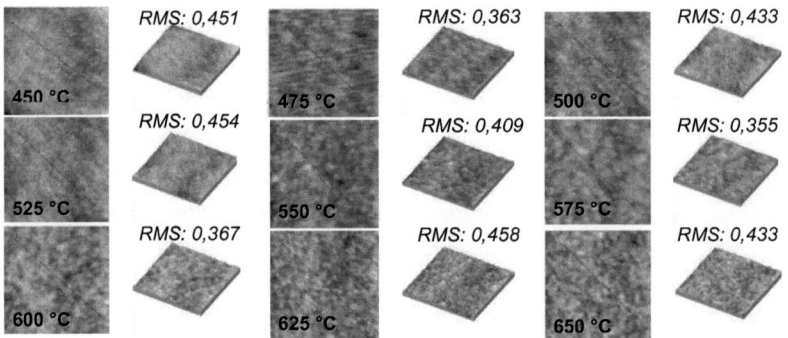

Abbildung 3-58: AFM-Bilder und Rauheiten von ZrO₂-Schichten ohne PEG-Zusatz bei hohen Temperaturen (RTA/1 min/Luft).

Die Abbildung 3-57 zeigt AFM-Messungen von ZrO₂-Schichten (mit und ohne PEG), die bei Temperaturen von 100 bis 400 ℃ behandelt wurde n. Schichten, die bis 200 ℃

getrocknet wurden, weisen eine erhöhte Rauheit auf. Bei höheren Temperaturen erreicht die Rauheit einen annähernd konstanten Wert von ca. 0,4 nm. Dieser Trend korreliert auch mit den Ergebnissen aus den XRR-Messungen, allerdings stimmen die Werte nicht überein. Die mittels AFM ermittelten Rauheiten sind genauer als die aus den XRR-Messungen, da diese direkt bestimmt werden.

Die Untersuchungen bei Temperaturen bis 650 °C für Schichten ohne PEG (Abbildung 3-58) weisen keine Veränderungen der Rauheit auf. Alle AFM-Bilder sind sehr konform und zeigen keine signifikanten Unterschiede.

3.5 ZrO$_2$ als Hartmaskenmaterial – eine mögliche Anwendung der Sol-Gel-Schichten

3.5.1 Ätzprozesse in der Halbleitertechnik

Die Ätztechnik innerhalb der Mikroelektronik dient dem ganzflächigem Abtrag einer oder mehrerer Schichten von der Waferoberfläche. Darüber hinaus ermöglicht sie die Strukturierung darunterliegender Schichten (Oxidschicht oder Silizium). Letzteres kann entweder unmittelbar durch Ätzung durch eine Lackmaske geschehen (Lithographie) oder, wenn sich die Schicht nur sehr schwer ätzen lässt, mit Hilfe einer Hartmaske, die zuvor mittels einer Lackmaske strukturiert wird.

Ätzverfahren werden in zwei große Gruppen eingeteilt, die sogenannten Nass- und Trockenätzverfahren (Abbildung 3-59). Sie unterscheiden sich hinsichtlich der beweglichen Phase, die als Ätzmedium wirkt bzw. welche die abgetragenen Teilchen des Festkörpers passieren muss.

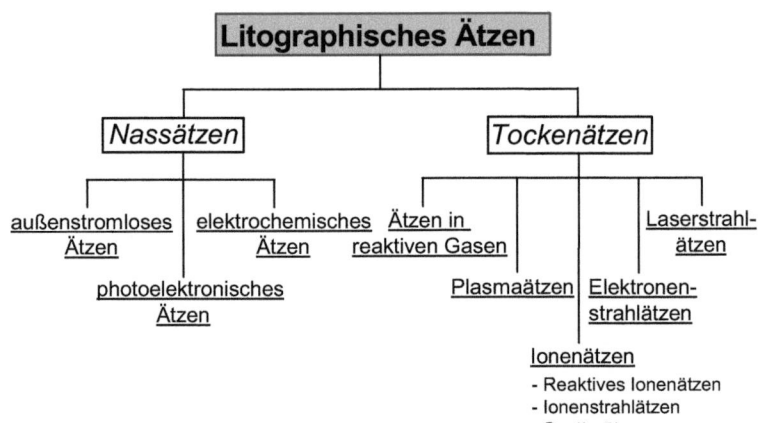

Abbildung 3-59: Übersicht über die wichtigsten Klassen mikrolithographischer Ätzverfahren. [145]

Beim Nassätzen wird unter Zuhilfenahme einer chemischen Lösung (Ätzlösung) das feste Material der Schicht in eine flüssige Verbindungen überführt, während der Materialabtrag von Trockenätzverfahren entweder durch beschleunigte Teilchen (z. B. Ionen, Radikale) oder mit Hilfe plasmaaktivierter Gase erfolgt. Es werden daher je nach Verfahren chemische sowie physikalische Effekte ausgenutzt. Die erreichbare Selektivität beim Nassätzprozess ist hoch, da die eingesetzten Chemikalien genau auf die vorhandenen Schichten abgestimmt werden können. Der Ätzangriff erfolgt beim Nassätzen fast immer isotrop (d. h. die Ätzrate ist richtungsunabhängig) und führt deshalb zur Unterätzung der Maske. Eine Ausnahme stellt das Ätzen einkristalliner Materialien dar. Durch die Anwendung spezieller Ätzlösungen, wie z. B. KOH, NaOH, LiOH, lassen sich in Abhängigkeit der kristallographischen Richtungen des Materials und dessen Dotierung auch anisotrope Strukturen herstellen. [146]

Trockenätzprozesse verlaufen zum Großteil anisotrop, da der Beschuss mit energiereichen Teilchen normalerweise gerichtet ist. Der Unterschied zwischen den Ätzmedien und den daraus resultierenden Ätzprofilen ist in Abbildung 3-60 veranschaulicht. Im Vergleich zur anisotropen Ätzung, bei der das zu ätzende Material senkrecht angegriffen und dabei die Struktur genau auf die darunterliegende Schicht übertragen wird, kommt es bei isotropen Ätzprozessen zu einem gleichmäßigen Abtrag in alle Raumrichtungen, wobei zwangsläufig die Maske unterätzt wird. Daher ist dieser Prozess nur bedingt zur Schichtstrukturierung (Strukturen > 0,5 µm) geeignet.

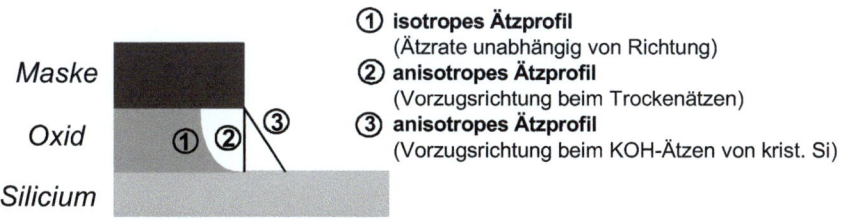

Abbildung 3-60: Ätzprofile für isotrope und anisotrope Ätzprozesse. Beim isotropen Ätzen ist das Aspektverhältnis max. 0,5. Während es beim isotropen Ätzen Werte > 1 möglich sind.

Ätzrate und Selektivität sind sehr wichtige Kenngrößen zur Beurteilung von Ätzprozessen. Die Ätzrate r wird durch das Verhältnis von abgetragener Materialdicke $h_{ätz}$ zur Ätzzeit $t_{ätz}$ beschrieben.

$$r = \frac{h_{ätz}}{t_{ätz}} \tag{3-18}$$

Die Selektivität S beschreibt das Verhältnis des Materialabtrages der zu ätzenden Schicht im Vergleich zu einer maskierenden Schicht, wobei $r_{ätz} > r_{Maske}$ sein soll (Idealfall: $r_{Maske} = 0$ nm min^{-1}):

$$S = \frac{r_{ätz}}{r_{Maske}} \tag{3-19}$$

Hat ein Prozess eine Selektivität von 2 für Oxid zu Maske (Fotolack/Hartmaske), so wird die Maske halb so schnell abgetragen wie das zu ätzende Material. Diese Kenngröße dient somit u. a. zur Gütebestimmung sowie der Abschätzung der Anwendbarkeit einer Maske für einen bestimmten Prozessschritt.

Die Geschwindigkeit des Ätzprozesses wird durch den langsamsten der drei Prozessschritte bestimmt:

1. Transport der Reaktionspartner zur Festkörperoberfläche
   (Transport-kontollierte Ätzprozesse)
2. Grenzflächenprozesse wie z. B. Komplexbildung
   (Grenzflächen-kontrollierte Ätzprozesse)
3. Transport der Reaktionspartner von der Festkörperoberfläche
   (Transport-kontollierte Ätzprozesse)

Bei der Auswahl des Ätzverfahrens spielen neben den chemischen Eigenschaften des abzutragenden Materials auch die chemischen Eigenschaften der freiliegenden und nicht abzutragenden Materialien eine große Rolle. Zu den wesentlichen Auswahlkriterien gehören die Rate und Selektivität des Abtrags sowie die sich ergebenden Geometrien.

In der CMOS-Technologie (*Complementary Metal Oxide Semiconductor*) werden auf Silizium basierende Hartmasken (SiO_2, Si_3N_4, SiC) zur Ätzung von Silizium eingesetzt, welche mittels organischer Fotolacke strukturiert werden. Nachteilig an diesen Materialien ist ihre geringe Selektivität, die Seitenwandpassivierung (entsteht durch Adsorption des gasförmigem $SiCl_xH_y$ auf der Seitenwand und anschließende Oxidation zu SiO_2) und - rauheit sowie Aufladungsschäden (*charging damage*) und Verspannungen. Ein weiteres Problem stellt die selektive Entfernung der Hartmaske dar. Dabei kann es zur Bildung von störenden Deckschichten (Passivierung) kommen.

Aus der fortschreitenden Miniaturisierung von mikroelektronischen Bauelementen resultieren spezielle Anforderungen an das Fertigungsverfahren. Vor allem die Strukturübertragung mittels Fotolithografie – einer der teuersten Prozessschritte im Herstellungsprozess – ist eine entscheidende Herausforderung, um die Integrationsdichte durch Verkleinerung zu verbessern. Die Gesetze der Optik begrenzen allerdings heute schon die Möglichkeit zu weiteren Strukturverkleinerungen. Daneben sind material-bedingte Einschränkungen (z. B. Diffusion, Elektromigration) bei der Herstellung von kleinen Strukturen zu berücksichtigen.

Einen temporären Ansatz bietet die Verwendung neuer Materialien (*low-k*- und *high-k*-Schichten), da zuerst die Materialeigenschaften ausgenutzt werden, wodurch grund-sätzliche Veränderungen in der Technik zunächst vermieden werden. Langfristig wird jedoch der Übergang von planaren zu 3-dimensionalen Techniken (vertikale und horizontale Positionierung einzelner Bauelemente) unabdingbar sein. Mit Hilfe dieses Prinzips ist bei gleicher Bauteildimensionierung eine höhere Bauteilpackungsdichte realisierbar. Im Anschluss werden kurz einige wichtige Technologien zur Herstellung von mikroelektronischen Bauelementen vorgestellt.

Die *Deep-Trench*-Technik (deutsch: tiefer Graben) ist ein Halbleiterherstellungsprozess, der vor allem bei der Herstellung von DRAM (*Dynamic Random Access Memory*) Verwendung findet. Darunter versteht man eine Technologie für einen elektronischen Speicherbaustein mit wahlfreiem Zugriff. Im Mittelpunkt dieser Technik steht der Graben- bzw. Lochkondensator (Abbildung 3-61 a). Dazu werden die *Trenches* durch reaktives Ionenätzen in das Si-Substrat geätzt und anschließend die Innenwand beschichtet, so dass ein Kondensator entsteht. Die entstehenden *Trenches* haben ein Aspektverhältnis (Tiefe zu Öffnungsdurchmesser) von bis zu 70 : 1 (*Deep-Trench*; Stand: 2004 [147]).

Dadurch wird eine ausreichend große Oberfläche für den Speicherkondensator bei wenig Platzverbrauch für DRAM-Zellen ermöglicht und somit sind die notwendigen Kapazitäten erreichbar.

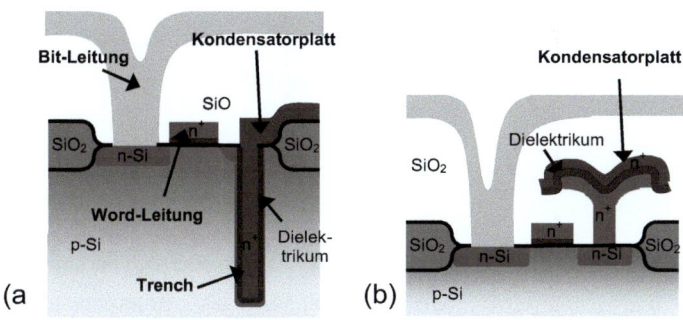

Abbildung 3-61: Schematischer Querschnitt einer DRAM-Zelle in der Trench-Technologie (a) und in der 3D-Stack-Technologie (b).

Da die präzise Fertigung tiefer Gräben/Löcher und die Beschichtung der Innenseiten sehr kompliziert ist, wurde die Technik bei den größeren Speicherherstellern durch die sogenannte *Stack*-Technik, bei der der Speicherkondensator oberhalb – das heißt in aufgebrachten Schichten – aufgebaut wird, ersetzt (Abbildung 3-61 b). Bei der *Qimonda* GmbH & Co. OHG wurden auf dem Wafer dennoch Gräben erzeugt, in denen aber jetzt statt der Speicherkondensatoren die *Word*-Anschlusspfade zu den Speicherzellen liegen, die sogenannten *Word Lines*; die Zellenarchitektur heißt daher *Buried Word Line* (BWL).

In beiden Fällen werden Hartmasken zur Strukturierung benötigt. Dazu bedient man sich der Fotolithographie – einem lithographischen Reproduktionsverfahren, bei dem mittels Belichtung Muster auf Materialien aufgebracht werden. Mittels einer sogenannten Fotomaske werden Strukturinformation in einen Fotolack (*photo resist*) übertragen. Für eine höhere Abbildungsgenauigkeit wird die Immersionslithographie angewendet. Im Wesentlichen entspricht sie der Projektionsbelichtung, mit dem Unterschied, dass zwischen Projektionslinse und Fotolack ein brechendes Medium, z. B. Reinstwasser gebracht wird, welches durch die erhöhte Brech-zahl des Mediums die Genauigkeit verbessert. Mit dieser Technik werden in der Chipproduktion Strukturgrößen von 40 nm erreicht (mit 193 nm Laserstrahlung). Zur Auflösungsoptimierung werden auch andere Immersionsmedien getestet. So stellte Intel im Januar 2010 den neuen 32 nm-Prozessor auf Basis der Immersionslithographie vor. [148] [149]

Eine weitere Verbesserung bringt die *Double-Patterning*-Lithographie, wobei ein Wafer zweimal belichtet wird, um noch kleinere Strukturen zu erzeugen. Dafür wird das Ausgangsmuster in zwei überlappende Muster zerlegt. In einem ersten Schritt wird eine Struktur mit der maximal erreichbaren optischen Auflösung aufgebracht (z. B. mit 45 nm Strukturbreite), anschließend wird die Position des Wafers um die halbe Auflösung verändert (22 nm) und dann eine zweite Struktur projiziert.

3.5.2 Reaktives Ionenätzen von ZrO$_2$-Schichten

Beim plasmagestützten reaktiven Ionenätzen (*Reactive Ion Etching*) ist der Schichtabtrag physikalischer und chemischer Natur. Dabei ist die Bezeichnung „Reaktives Ionenätzen" irreführend, da der Anteil an Ionen im Plasma sehr klein ist. Wären nur Ionen für den Ätzfortschritt verantwortlich, dann würde die Ätzrate auch sehr klein sein. Das Plasma besteht aus reaktiven Gasen oder einem Gemisch reaktiver und inerter Gase. Potentielle Reaktionspartner können sein:

- inerte Ionen (z. B.: Ar$^+$) ➜ physikalisches Ätzen (Sputterätzen)
- reaktive Ionen (z. B.: CF$_3^+$) ➜ chemische Wirkung
- reaktive Radikale (z. B.: F*, O*, CF$_3$*) ➜ chemische Wirkung

Der eigentliche Ätzvorgang lässt sich in folgende Schritte einteilen (Abbildung 3-62):
1. Erzeugung reaktiver Radikale (R) im gasdurchströmten Plasma
2. Diffusion der Radikale zur Substratoberfläche (S)
3. Adsorption der Radikale an die Substratoberfläche
4. Oberflächendiffusion bis zur Ätzreaktion
5. Ätzreaktion: $R + S \rightarrow P$
6. Desorption des Reaktionsprodukts (P) von der Oberfläche
7. Diffusion von P in den gasdurchströmten Bereich und Abtransport durch Vakuumsystem

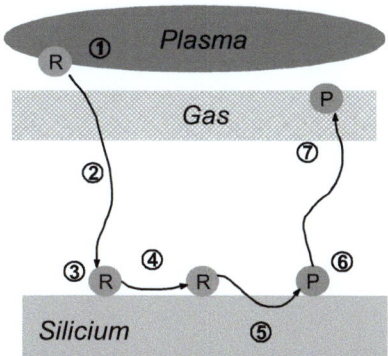

Abbildung 3-62: Stoffaustauschmechanismen beim Trockenätzen. 1. Erzeugung einer reaktiven Spezies (R), 2. Diffusion, 3. Adsorption, 4. Oberflächendiffusion, 5. Ätzreaktion, 6. Desorption und 7. Abdiffusion.

Die Selektivität ist beim RIE nur gering. Der Ätzvorgang verläuft anisotrop, da sich die beschleunigten Ionen bei geringem Reaktionsdruck vorwiegend vertikal auf den Wafer beschleunigt werden. Bei Erhöhung des Druckes kommt es aufgrund der vermehrten Kollisionen mit der Gasumgebung zur Ablenkung der Ionen und damit zu einem isotropen Ätzabtrag. Aufgrund des stärkeren chemischen Einflusses kann so die Selektivität des Verfahrens erhöht werden. Zu Verstärkung der anisotropen Ätzung wird dem Ätzmedium Sauerstoff zugesetzt. Dieser reagiert mit dem aus der Siliziumoberfläche diffundierenden Si-Verbindungen (z. B. $SiCl_xH_y$) zu SiO_2, welches sich an die Seitenwand ablagert (Seitenwandpassivierung). Die Ätzgeschwindigkeit ist beim RIE von vielen Parametern abhängig, wie dem Prozessdruck, den Temperaturbedingungen, der Leistung der Wechselfeldanregung sowie der Gaszusammensetzung. Durch Änderung des Abstandes zwischen den Kondensatorplatten kann zudem gezielt Einfluss auf die Ätzrate genommen werden. Mit geringerem Abstand kann eine höhere Ätzrate erreicht werden, wohingegen zu kurze Distanzen eine ungleichmäßige Ätzung aufgrund inhomogener Plasmadichte zur Folge haben. [150]

Zur Plasmaerzeugung können im Prinzip beliebige Methoden eingesetzt werden. Gängig sind kapazitiv oder induktiv gekoppelte Hochfrequenz-Entladungen oder Mikrowellen–ECR Quellen (*Electron Cyclotron Resonance*) sowie Magnetrons oder Lichtbogenverdampfer zur Plasmaerzeugung aus Feststoffen. Eine weitere Möglichkeit besteht darin, durch den Hochspannungspuls selbst ein Plasma zu zünden, man spricht dann von einer gepulsten Glimmentladung (*Pulsed Glow Discharge*).

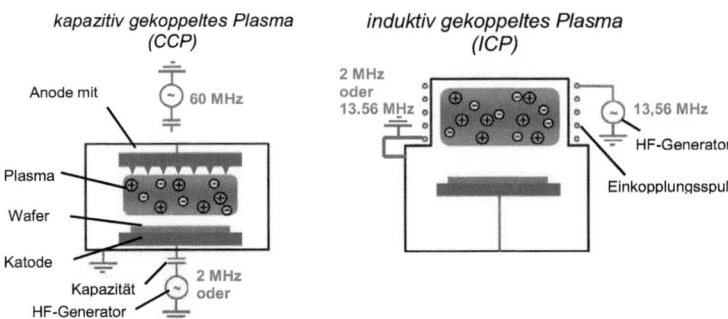

Abbildung 3-63: Vergleich des Kammeraufbaus bei induktiv und kapazitiv gekoppelter HF-Entladung. [151]

Die HF-Entladungen können in induktiv und kapazitiv gekoppelte Entladungen aufgeteilt werden, welche sich durch die Art der Einkopplung des elektrischen Feldes voneinander unterscheiden (kapazitiv: 0,5 - 5 kW; induktiv: 50 - 200 W) [152]. Allerdings kommt es nur in kapazitiv gekoppelten Entladungen zu einem Abfall der hohen Randschichtspannung, weshalb meistens kapazitiv gekoppelte oder eine Kombination von induktiv und kapazitiv gekoppelten Entladungen zum Einsatz kommen. [153] Die Nutzung einer induktiv gekoppelten Plasmaquelle erlaubt eine höhere Plasmadichte durch die direkte induktive Einkopplung von Energie in das *Bulk*-Plasma. Dadurch kann der Druck beim Ätzprozess reduziert werden, was verbesserte Ätzraten und Ätzprofile, verbesserte Gleichmäßigkeit und Selektivität und eine dramatische Reduzierung von Strahlungsschäden und Kontamination durch RIE Sputtereffekte zur Folge hat. Zur Zündung des Plasmas wird ein Funken oder Elektronen, die durch einen Spannungsstoß aus einem *Tesla*-Transformator freigesetzt werden, benötigt. In Abbildung 3-63 ist der Kammeraufbau eines kapazitiven und eines induktiv gekoppelten Plasmaätzers schematisch gezeigt.

Beim RIE können zwei Effekte auftreten, die das Ätzergebnis maßgeblich beeinflussen. Dazu zählt zum einen die Erhöhung der Ätzrate und damit verbunden eine Schädigung der Oberfläche, sowie die Seitenwandpassivierung. Ionen mit einer Energie > 50 eV erzeugen Gitterfehler und brechen die Oberfläche auf, dadurch erfolgt die chemische Reaktion schneller und die Gitterfehler breiten sich in die Tiefe aus. Ionen mit einer Energie < 50 eV tragen hingegen die ätzhemmenden Oberflächenbeläge mittels Sputtern (physikalische Schichtabtragung) ab. Bei der Seitenwandpassivierung kommt es mittels Plasma-polymerisation zur Bildung von Polymeren aus den Ätzgasen. Diese werden chemisch nicht angegriffen, jedoch von den Ionen physikalisch abgesputtert. Polymerablagerungen

- 121 -

am Boden werden durch Sputterprozesse entfernt, wohingegen Ablagerungen an den Seitenwänden bestehen bleiben, da an diesen Stellen kein Ionenbeschuss stattfindet. Durch die Passivierung der Seitenwände ist die Herstellung senkrechter Wände möglich. Ätzgeschwindigkeit, Selektivität und Anisotropie sind durch die Wahl geeigneter Verfahrensparameter einstellbar. Die Endpunkterkennung kann während des Ätzens durch Analyse der Emissionslinien im Plasma und/oder Analyse des Abgases im Massenspektrometer erfolgen.

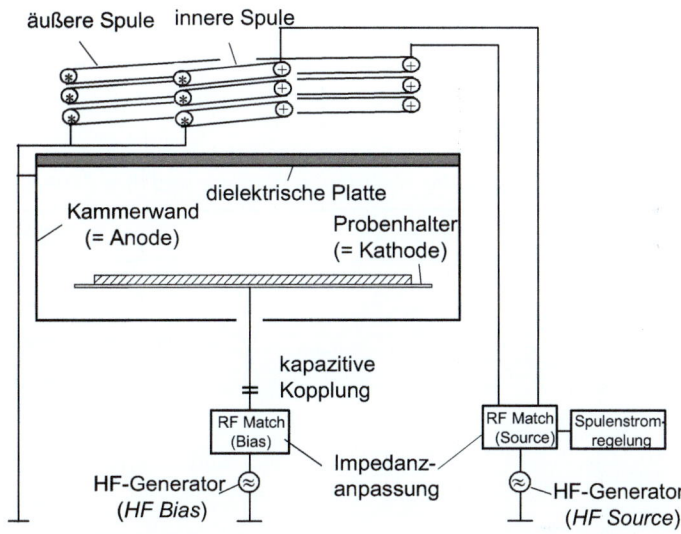

Abbildung 3-64: Kombination von induktiv und kapazitiv gekoppeltem Plasmaätzer: DPS-System (Decoupled Plasma Source).

Die Ätzung der ZrO$_2$-Schichten erfolgte an einer *DPS II HT* von **Applied Materials**. DPS (*Decoupled Plasma Source*) steht für eine Kombination aus induktiv gekoppeltem Plasma (*Inductive Coupled Plasma*) und kapazitiv gekoppeltem Plasma (*Capacitive Coupled Plasma*) ermöglicht eine hohe Ätzrate in Folge der hohen Plasmadichte, sowie einen niedrigeren Gasdruck und damit verbunden einen hohen Grad an Anisotropie. Negativ ist aber der kompliziertere Reaktoraufbau im Vergleich zu einem Parallelplattenreaktor anzumerken. Das DPS-System (Abbildung 3-64) arbeitet mit einer Generatorspannung (*Source/Bias*) von 1500 W im Druckbereich von 0,1 - 0,3 Pa. Der maximale Gasfluss liegt bei 500 sccm. Neben der Plasmaanregung über *Source* und *Bias*, verfügt der Plasmaätzer über einen beheizbaren Probenhalter (Temperaturbereich: 250 - 350 °C). Auf diese Weise lassen sich bei gleichen Spannungen und Gasflüssen höhere Ätzraten erreichen. Des Weiteren verfügt das DPS-System über eine innere und eine äußere Spule. Sie steuern die Außen- und Innenströme und damit die Uniformität des Ätzprozesses.

Voraussetzung für eine gleichmäßige chemische Ätzung ist die Bildung eines gasförmigen, flüchtigen Reaktionsproduktes. Dieses Kriterium ist ausschlaggebend für die Anwendbarkeit eines Ätzgases (z. B. Ar, O_2, Halogene). In der Literatur sind weit über 100 bekannte Ätzgase und Ätzgasmischungen (Einsatz von Ar als Verdünnung) bekannt.

In Tabelle 3-12 sind einige Ätzgase aufgelistet, die bei der Herstellung integrierter Schaltungen Anwendung finden. Anorganische Schichten werden mit Halogenverbindungen geätzt, zum Ätzen organischer Schichten kommt jedoch fast ausschließlich Sauerstoff zum Einsatz.

Tabelle 3-12: Ausgewählte chemische Ätzgase und ihre Ätzeigenschaften. [150]

SCHICHT	ÄTZGAS	BEMERKUNG
SiO_2, Si_3N_4	CF_4 / O_2	F ätzt Si, O_2 entfernt C
	CHF_3 / O_2	CHF_3 wirkt als Polymer, erhöht Selektivität
	CHF_3 / CF_4	gegen Si
	CH_3F	
	C_2F_6 ; SF_6	verbesserte Selektivität von Si_2N_4 über
	C_3F_8	SiO_2
Poly-Si	BCl_3 / Cl_2	keine Kontamination durch C
	$SiCl_4$ / Cl_2; HCl / O_2 ; $SiCl_4$	
	/ HCl	verbesserte Selektivität gegenüber
	HBr / Cl_2 / O_2	Fotolack und SiO_2
	SF_6	hohe Ätzrate, gute Selektivität gegen SiO_2
	NF_3	hohe Ätzrate, isotrop
	HBr / Cl_2	
monokristallines Si	BCl_3 / Cl_2; HBr / NF_3	höhere Selektivität gegen SiO_2
	HBr / NF_3 / O_2 ; CF_3Br	

3.5.3 Ätzversuche mit unstrukturierten ZrO_2-Schichten

Die Ätzraten und Selektivitäten als wichtigste Parameter, auf denen jegliche Diskussion über die Anwendungsmöglichkeit von ZrO_2 als Hartmaskenmaterial aufbaut, werden von einer erheblichen Anzahl von Faktoren beeinflusst. So spielt die Zusammensetzung des Ätzmediums neben der Temperatur eine der größten Rollen. Die präzise und verlässliche Bestimmung der Ätzrate sowie die Berechnung der Selektivität sind nur unter Konstanthaltung möglichst vieler Parameter möglich.

Ziel ist es, eine Hartmaske zu entwickeln, die eine maximale Ätzselektivität zum Halbleiter aufweist, die sich einfach aufbringen und wieder entfernen lässt und die man mit hoher Präzision strukturieren kann. Durch ihre sehr gute Haftung auf den verschiedensten Materialien eignet sich die ZrO_2-Hartmaske für zwei verschiedene Anwendungen:

Deep-Trench	*Double-Patterning*
• Ätzen von Si (hohes Aspektverhältnis)	• Ätzen von C (niedriges Aspektverhältnis)
• Referenz: SiO_2	• Referenz: C
• Ätzchemie: HBr, NF_3, O_2	• Ätzchemie: O_2
• Schichtdicke: ca. 400 nm (ZrO_2 mit PEG)	• Schichtdicke: < 100 nm (ZrO_2 ohne PEG)

Die verschiedenen Ätzanwendungen stellen unterschiedliche Anforderungen an die Schicht-eigenschaften. So wird die ZrO_2-Schicht von der *Deep-Trench*-Chemie aufgrund der Ätzdauer sehr viel stärker angegriffen werden, als es beim *Double-Patterning* der Fall sein wird. Durch geeignete Vorversuche an unstrukturierten Schichten sollten die Ätzbedingungen und Schichtanforderung abgesteckt werden.

3.5.3.1 Ergebnisse auf Waferstücken

Die vorausgegangenen Ätzratenbestimmungen für den *Deep-Trench*-Prozess mit unterschiedlichen Materialien bei den gleichen Bedingungen am *Fraunhofer IKTS* zeigen, dass ZrO_2 die höchste untersuchte Plasmaresistenz aufweist (Abbildung 3-65). Die Versuche erfolgten an Hand von Sol-Gel-beschichteten Waferstücken, die auf einen SiO_2-beschichteten 300 mm-Wafer gelegt wurden. Diese besaßen eine Fläche von 2,5 x 2,5cm = 6,25 cm^2, was weniger als 1% der Fläche des 300 mm-Wafers entspricht. Die

Plasmabehandlung wurde bei 4000 W mit den Gasen HBr, NF$_3$ und O$_2$ in einem Verhältnis von 300 sccm : 60 sccm : 20 sccm durchgeführt. Der Abstand von Wafer zu Gegenelektrode betrug 3,2 cm.

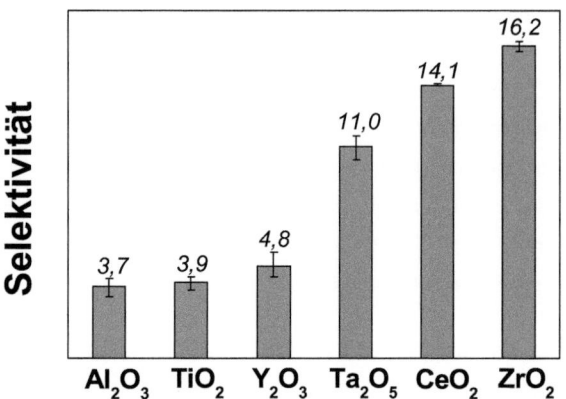

Abbildung 3-65: Selektivitäten von verschiedenen Hartmaskenschichten (Temperatur-behandlung: 1 min bei 700 ℃) auf Wafer stücken (Bedingungen s. Text).

Die Untersuchung der Abhängigkeit der Temperatur und Dauer bei der Temperaturbehandlung von ZrO$_2$-Sol-Gel-Schichten gegenüber SiO$_2$ zeigte, dass diese nur bei niedrigeren Temperaturen einen Einfluss auf die Ätzselektivität haben (Abbildung 3-66).

ZrO$_2$-Schichten nach Behandlungen unter 600 ℃ weisen ei ne deutlich geringere Ätzselektivität als diejenigen, die bei Temperaturen > 600 ℃ erhitzt wurden. Dieses Ergebnis korreliert mit den Brechungsindices sowie Porositäten, was den Schluss nahelegt, dass bei niedrigen Temperaturen noch große Anteile an nicht ätzresistenten Kohlenwasserstoffen in den Schichten enthalten sind. Um eine ausreichende Resistenz von ZrO$_2$ gegenüber den aggressiven Gasen bei der *Deep-Trench*-Ätzung und somit einen guten Abtrag von Si zu gewährleisten, muss die Schicht bei mindestens 600 ℃ (besser 700 ℃) behandelt werden.

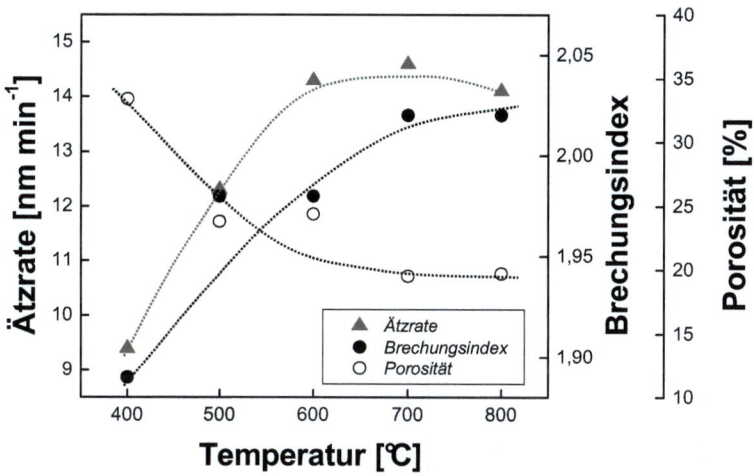

Abbildung 3-66: Ätzselektivitäten, Brechungsindices und Porositäten von ZrO₂-Schichten bei unterschiedlichen Temperaturbehandlungen (RTA/1 min/Luft). Die gepunkteten Linien dienen zur Verdeutlichung des Trends.

Aufgrund der viel geringeren Fläche der Waferstücke im Vergleich zu einem 300 mm Wafer, sind diese einer wesentlich geringeren NF_3-Konzentration ausgesetzt (SiO_2 wird hauptsächlich von NF_3 zu SiF_4 geätzt und eher weniger von HBr). Aus diesem Grund sind die Werte, die an Stücken gemessen werden, nur bedingt auf einen ganzen Wafer übertragbar. Diese Versuche wurden mit ganzen Wafern bei *Qimonda* GmbH & Co. OHG wiederholt, um die Reproduzierbarkeit der Ergebnisse zu überprüfen.

3.5.3.2   Ergebnisse auf ganzen Wafern

Den Versuchen zur Anwendung der ZrO_2-Schichten als Hartmaske gehen Experimente zur selektiven Gasphasenätzung voraus. Zur Ätzung kam eine Halogengasmischung aus BCl_3, Cl_2 und Ar zum Einsatz. So wurde der Einfluss der thermischen Behandlung auf das Ätzverhalten der ZrO_2-Schichten untersucht. Die Ergebnisse hierzu sind in Abbildung 3-67 zusammengefasst. Dabei erfolgte die Ätzung bei 1300 W (*Bias*)/1000 W (*Source*) unter den Ätzgasen Ar (150 sccm), Cl_2 (100 sccm) und BCl_3 (100 sccm) für 60 s und 20 Pa unter Zuhilfenahme eines beheizbaren *Chucks*.

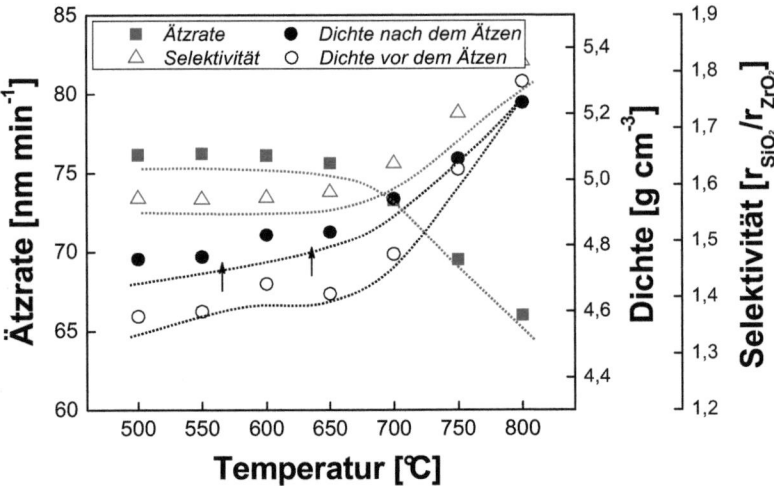

Abbildung 3-67: Ätzraten, Selektivitäten (Ätzrate SiO₂: 120 nm min⁻¹) und Dichten von ganzen Wafern in Abhängigkeit von der Ausheiztemperatur (RTA/1 min/Luft). Die gepunkteten Linien dienen zur Veranschaulichung des Trends.

Die Ätzraten von ZrO$_2$-Schichten die zwischen 500 und 650 °C behandelt wu rden sind nahezu konstant. Erst nach Behandlungen über 700 °C zeigt sich eine Abnahme der Ätzrate. Dies legt den Schluss nahe, dass die Verdichtung im unteren Temperaturbereich noch nicht vollständig abgeschlossen ist. Diese Behauptung wird durch die Ergebnisse der Dichtemessungen untermauert.

Die Ergebnisse korrelieren des Weiteren mit den Erkenntnissen aus der Kristallit-größenbestimmung. Ab einer Temperatur von 700 °C k ommt es zum Anstieg der Kristallitgröße. Die größeren Kristallite sind resistenter gegenüber der Ätzchemie als die kleineren und werden daher weniger schnell geätzt.

Die Tests für die Anwendung als Hartmaske für den *Double-Patterning*-Prozess wurden an ganzen Wafern von Dr. Tobias Mayer-Uhma am *Fraunhofer IKTS* durchgeführt.

In Abhängigkeit von der Ausheiztemperatur wurden die Schichtdicken sowie der Brechungsindex von ZrO$_2$-Schichten vor und nach dem Ätzen mit Sauerstoff und 10 % Argon (RF = 2000 W; U_{bias} = 850 V; p = 0,2 mbar; Gasfluss: 55 sccm) gemessen. Aus den Werten konnte die Ätzrate bestimmt werden. Durch Messung der Schichtdicken einer C-Referenzschicht (Ätzrate: 36,4 nm min⁻¹) konnten die Selektivitäten berechnet werden (Abbildung 3-68).

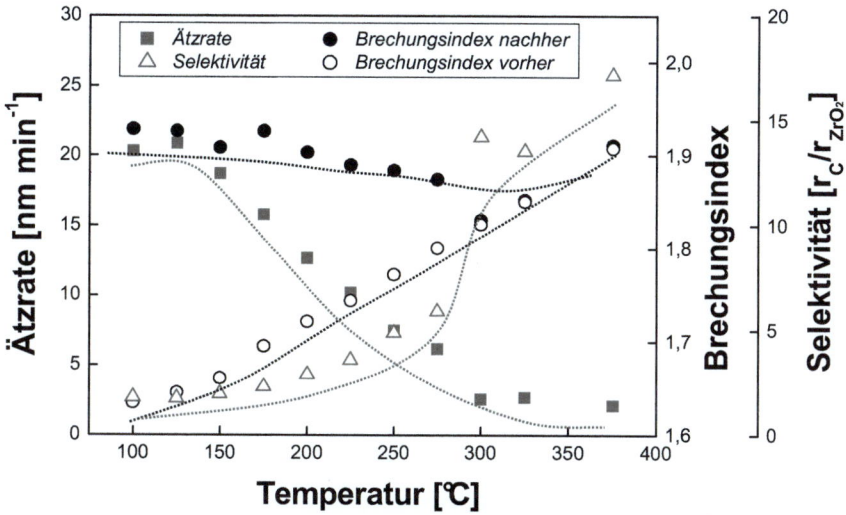

Abbildung 3-68: Ätzraten und Brechungsindex (vor und nach dem Ätzen) von
ganzen Wafern in Abhängigkeit von der Ausheiztemperatur (Hotplate/5 min/Luft).
Die gepunkteten Linien dienen zur Veranschaulichung des Trends.

Mit steigender Trocknungstemperatur kommt es zum Abfall der Ätzrate, dies ist mit dem Absinken der organischen Bestandteile in den Schichten zu erklären. Aus den Ergebnissen der DTA/TG- und XPS-Messungen sind ab 300 ℃ die organischen Bestandteile so weit entfernt, dass sich die Schichteigen-schaften stabilisieren, was sich auch in den Ätzraten widerspiegelt. Auch der Brechungsindex steigt mit der Temperatur von 1,63 auf 1,92 aufgrund des absinkenden Lösungsmittelanteils (siehe Kapitel 3.4.1). Dadurch ist nach dem Ätzen eine Erhöhung des Brechungsindex der Schichten, die zwischen 100 ℃ und 300 ℃ thermisch behandelt wurd en, zu verzeichnen.

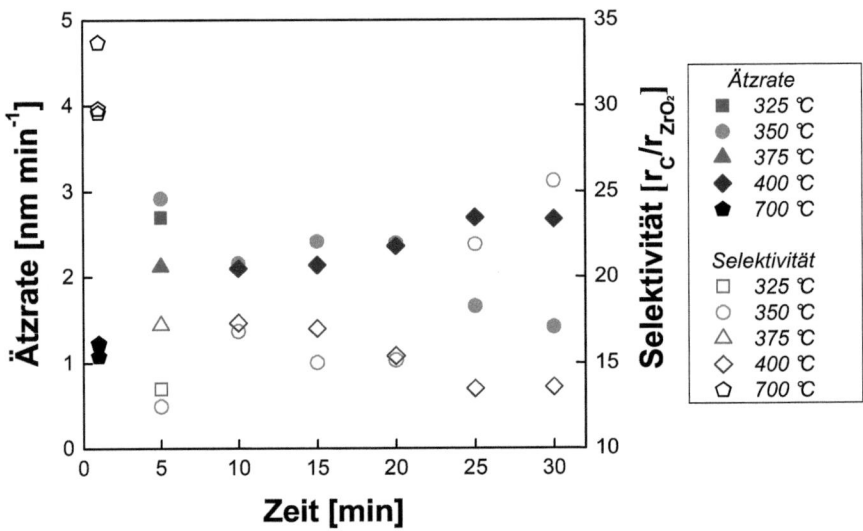

Abbildung 3-69: Mittlere Ätzrate von ZrO₂-Schichten in Abhängigkeit von der Temperdauer (325 - 400 ℃: Hotplate/5 min/Luft; 700 ℃: RTA/1 min/Luft). Die gepunkteten Linien dienen zur Veranschaulichung des Trends.

Der Einfluss der Temperdauer zwischen 325 ℃ und 40 0 ℃ auf die Ätzraten ist in Abbildung 3-69 veranschaulicht. Zum Vergleich ist die mittlere Ätzrate nach einer RTA-Behandlung bei 700 ℃ mit ca. 1,2 nm min^{-1} aufgetragen. Für die Temperaturbehandlung bei 350 ℃ ist ein Absinken der mittleren Ätzrate m it Verlängerung der Temperzeit zu verzeichnen, während es bei einer 400 ℃ zu einem l eichten Anstieg kommt. Aufgrund der fehlenden Temperierbarkeit des Chucks, ist allerdings der Fehler bei diesen Ätzungen sehr groß. So können die Werte als annähernd konstant über die Zeit angesehen werden. Im direkten Vergleich mit der 700 ℃-Schicht ist di e Ätzrate bei diesen Temperaturen nur ca. 1 nm min^{-1} größer und die Selektivität ist nur halb so groß. Für die Strukturierung von 150 bis 400 nm dicken C-Schichten sind die Ätzraten und Selektivitäten allerdings völlig ausreichend. Dies hat zudem den Vorteil, dass der Prozess und den RTA-Schritt verkürzt wird und die Schicht auch in temperaturkritischen Schritten einsetzbar ist.

Um den Anwendungsbereich der Sol-Gel-ZrO₂-Hartmaskenschicht im Vergleich zu SiO₂ genauer abstecken zu können, wurden diese verschiedenen industriell wichtigen Ätzgasen ausgesetzt. Die Ergebnisse zu diesen Tests sind in Tabelle 3-13 zusammengestellt und unterstreichen das große Potenzial dieser Schichten. Die ZrO₂-Schicht weist beim Sputterprozess mit Argon gleiche Ätzraten wie die Referenzschicht auf, bei allen anderen

Ätzversuchen schnitt die ZrO$_2$-Hartmaske besser ab. Vor allem bei dem Ätzsystem, das zur Strukturierung von Oxidschichten genutzt wird, zeigt die Schicht eine sehr viel höhere Resistenz.

Tabelle 3-13: ZrO$_2$-Ätzrate im Vergleich zur SiO$_2$-Ätzrate für verschiedene Ätzsysteme (Ätzdauer: 60s).

ÄTZGASE	ANWENDUNG	ÄTZRATE ZrO$_2$		ÄTZRATE SiO$_2$	SELEKTIVITÄT (SiO$_2$ /ZrO$_2$)
		in nm min^{-1}			
		0 5 10 15 20 25			
Ar	Sputtern	12		11	0,9
Ar, O$_2$, N$_2$	Ätzen von C-Hartmasken	5		6	1,2
Ar, CF$_4$, CHF$_3$	Ätzen von Oxidschichten	21		395 –	18,8
Br, O$_2$	Ätzen von Poly-Si	5		22	4,4
HBr, O$_2$, Cl$_2$	Ätzen von Poly-Si	11		24	2,2

Der prinzipielle Einsatz von ZrO$_2$ als Hartmaskenmaterial konnte durch Tests an unstrukturierten Schichten gezeigt werden. Die ZrO$_2$-Schichten ohne PEG-Zusatz mit Schichtdicken < 100 nm wurden für *Double-Patterning*-Anwendungen (Ätzchemie: HBr/NF$_3$/O$_2$) und 400 nm-Schichten mit PEG für *Deep-Trench*-Prozesse (Ätzchemie: BCl$_3$/Cl$_2$/Ar) untersucht. Aufgrund der hohen Aggressivität der BCl$_3$/Cl$_2$/Ar-Mischung müssen die Schichten neben einer ausreichenden Dicke vor allem dicht sein, um dem Ätzangriff Stand zu halten.

Schichten, die bei Temperaturen über 700 ℃ behandelt wurden, zeigen im Vergleich zur SiO_2-Referenzschicht mit 120 nm min^{-1} Ätzraten, Werte von 65 - 73 nm min^{-1}. ZrO_2-Schichten ohne PEG, die zwischen 350 und 400 ℃ thermisch behandelt wurden, weisen bei der Sauerstoffätzung Ätzraten von ca. 2 nm min^{-1} (C-Schicht: 36,4 nm min^{-1}) unabhängig von der Temperzeit auf. Zur Strukturierung von C-Schichten sind sie daher prinzipiell geeignet. Zur Erhöhung der Ätzhomogenität sind allerdings noch weitere Versuche notwendig.

Die rückstandsfreie und selektive Entfernung der Hartmaske ist Voraussetzung für eine Anwendung in der Halbleiterfertigung. In den folgenden Kapiteln werden die Versuche hierzu näher beschrieben.

3.5.3.3 Nasschemisches Ätzen von ZrO_2-Schichten

Das nasschemische Ätzen von ZrO_2 ist ein elektrochemischer Prozess, bei dem die Teilschritte den Gesetzen der Elektrochemie unterliegen, da der Phasendurchtritt fest → flüssig mit einer Elektronenübertragung einhergeht. Der Feststoff wird in Form von Komplexen, z. B. $[SiF_6]^{2-}$ und $[SiO_4]^{4-}$, gelöst, welche durch Lösungsmittel solvatisiert werden. Nassätzverfahren verlaufen sehr effizient, da Hydroxid- und Wasserstoffionen in hoher Konzentration vorliegen. Anstatt Hydroxidionen können auch Säureanionen wie z. B. Cl$^-$ und F$^-$ als Liganden eingesetzt werden. Des Weiteren kann die Ätzrate durch andere Parameter wie Temperatur, Viskosität und Konvektion über weite Bereiche eingestellt werden. [145]

Allerdings werden die Ätzprodukte während der Ätzung in der Ätzflüssigkeit angereichert, was dazu führt, dass der Anteil der Reaktionspartner sinkt und damit die Ätzrate verringert wird. Ferner kann es zur Bildung von störenden Deckschichten (Passivierung) kommen. Nasschemische Ätzverfahren führen aufgrund ihrer mehrheitlich isotropen Ätzprofile zu Strukturunterätzungen oder auch zu Kantenverschiebungen.

Voraussetzung für eine Anwendung der ZrO_2-Schicht als Hartmaske, ist eine rückstandsfreie Entfernung der verbliebenen Maske. Hierzu wurden verschiedene Tests mit konventionellen Ätzchemikalien, die in der Halbleitertechnik Anwendung finden, durchgeführt. Die Ergebnisse hierzu sind in Tabelle 3-14 zusammengefasst.

ZrO_2 ist in fast allen wässrigen Medien beständig. Mit Laugen reagiert es erst durch das Zusammenschmelzen mit Alkalihydroxiden zu Zirkonaten (ZrO_3^{2-} und ZrO_4^{4-}).[154]

Beim *Standard Clean 1* (SC1) handelt es sich um eine oxidierende ammoniakalische Lösung, die Ammoniumkomplexe mit mehrwertigen Metallionen bildet. Der SC1 geht ursprünglich auf die sogenannte RCA-Reinigung (*Radio Corporation of America*) von *Kern* [155] [156] zurück und wird zur Reinigung von Si-Oberflächen benutzt. Im ersten Schritt wird die Siliziumoberfläche durch H_2O_2 oxidiert, wobei das Peroxidanion HO_2^- als Oxidationsmittel fungiert. Durch die ätzende Wirkung des OH^--Ions geht SiO_2 anschließend als $HSiO_3^-$ in Lösung. Einige Metalle sind in dieser oxidierenden, im hohen Grade basischen Lösung unlöslich und neigen zur Niederschlagsbildung auf der Si-Oberfläche.

Tabelle 3-14: Test verschiedener Ätzlösungen zur Entfernung der Schicht nach dem Ätzen (Ätzdauer: 5 min).

ÄTZMISCHUNG	GLEICHUNG	T in °C	$r_{Ätz}$ in nm min^{-1}
SC1: $NH_4OH/H_2O_2/H_2O$ [50 : 2 : 1]	$ZrO_2 + NH_4OH + H_2O \xrightarrow{keine\,Reaktion} Zr(OH)_4 + NH_3$	35	kein Abtrag
HCl	$ZrO_2 + 2\,HCl \xrightarrow{keine\,Reaktion} ZrOCl_2 + H_2O$	22 / 50 / 90	kein Abtrag
HNO₃	$ZrO_2 + 4\,HNO_3 \xrightarrow{keine\,Reaktion} Zr(NO_3)_4 + 2\,H_2O$	22	kein Abtrag
Poly: HF/HNO₃ [1 : 5,8]	$2\,ZrO_2 + 12\,HF + 2\,HNO_3 \rightarrow 2\,[ZrF_6]^{2-} + 2\,HNO_2 + 4\,H_3O^+ + O_2$	22	2500

Die ZrO_2-Schicht ist bei den angegebenen Bedingungen resistent gegenüber HCl sowie HNO₃. [157] Mit einer Mischung aus $NH_4OH/H_2O_2/H_2O$ [50 : 2 : 1] ist nur eine sehr geringe Ätzrate zu verzeichnen, die nur auf die Entfernung der Oberflächen-verunreinigungen zurückzuführen ist. Verdünnte oder konzentrierte Flusssäure reagieren mit amorphem und kristallinem ZrO_2 schon bei Raumtemperatur, besonders große Ätzraten von über 2 µm min^{-1} erzielt ein Gemisch aus HF und HNO₃ im Volumen-verhältnis 1 : 5,8.

Reste der Hartmaske lassen sich somit nasschemisch wieder leicht und schnell mit HF entfernen. Für eine industrielle Nutzung müssen die Schichten einfach und genau strukturierbar sein. Im folgenden Kapitel wird darauf eingegangen.

3.5.4 Ätzversuche mit strukturierten Schichten

Zur Strukturierung der Hartmaskenschichten wird ein Lochmuster angewendet, welches im Querschnitt und der Draufsicht charakterisiert wird. Die Klassifizierung der Ätzprofile ist in Abbildung 3-70 illustriert. Einfallende Ionen werden an der steilen Seitenwänden mit einem Einfallswinkel < 90° reflektiert und treffen anschließend in der Nähe der Seitenwand auf das zu ätzende Material.[158] An diesen Stellen kommt es aufgrund des erhöhten Ionenstroms zu einem Anstieg der Ätzrate, in dessen Folge ein schmaler Ätzgraben von wenigen Nanometern Breite (*micro trench*) entsteht. [159] [160] [161] [162] Durch die Ausbildung eines Potentialunterschiedes zwischen Seitenwand und Grabenboden wird dieser Effekt begünstigt. [163] [164] [165]

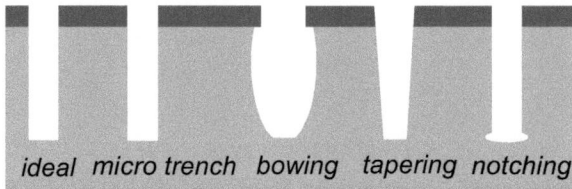

ideal   micro trench   bowing   tapering   notching

Abbildung 3-70: Häufigste geometrische Formabweichungen bei Ätzprofilen.

Durch abgelenkte Ionen bekommt das Profil beim Ätzen einen mehr isotropen Charakter. Diese Ionen können einen lateralen Ätzangriff am isolierenden Grabenboden (*notching*) verursachen, die gesamte Grabenstruktur ausbeulen (*bowing*) sowie im weiteren Verlauf zur Unterätzung der Maske führen (*undercutting*). [160] [163] Diesem Effekt kann mit einer Absenkung des Druckes und Erhöhung der Bias-Spannung entgegengewirkt werden. Ein *tapering*-Profil, d. h. ein Graben mit Böschungswinkel < 90 °, wird sehr häufig bei zu dicken Passivierungsschichten erhalten. Je stärker das gewählte Ätzregime zur Polymerisation neigt, desto kleiner wird der Böschungswinkel sein. [161] [166] [167] [168] Neben dem Ätzprofil ist das Aspektverhältnis eine sehr wichtige Kenngröße beim strukturierten Ätzen. Dieses Verhältnis wird wie folgt beschrieben:

$$Aspektverhältnis = \frac{Trenchtiefe}{Trenchbreite}$$

Anhand dieser Größe ist es möglich, Strukturen besser zu vergleichen. Die Halbleiterindustrie ist bestrebt, möglichst hohe Aspektverhältnisse zu erhalten, um auf diese Weise Strukturen mit wenig Platzbedarf herzustellen.

Da die direkte Strukturierung des ZrO_2-Films schwierig und mit einem erhöhten Forschungsaufwand verbunden ist, wurde auf die in der Halbleiterindustrie bewährte Maske bestehend aus SiO_2, C, SiO_xN_y und BARC (**bottom anti-reflection coating**) zurückgegriffen. Aufgrund der niedrigen Selektivität des ZrO_2 im Vergleich zum SiO_2 auf unstrukturierten Wafern ist dieser dicke Schichtstapel (> 2 µm) notwendig.

Der erste Schritt der Lithographie ist eine Belackung des zu strukturierenden Wafers mit einem photoempfindlichen Lack mittels Spin-Coating. Nach der Trocknung bei 90 ℃ wird der Lack mit einer Schattenmaske belichtet, wobei sich die chemische Struktur des Lackes verändert. Belichtet wird mit einer Wellenlänge von 193 nm. Die belichteten Bereiche werden in einem Entwickler, der aus einer Lauge besteht, entfernt (positiver Prozess). Der so präparierte Wafer wird nun einer Temperaturbehandlung unterzogen (sogenannter *Postbake*). Dabei wird der Fotolack ausgehärtet, so dass er resistent gegenüber der Ätzchemie zur Öffnung der Hartmaske ist.

Vor der Strukturierung der ZrO_2-Hartmaske durch die Oxid-Maske (SiO_2, C, SiO_xN_y, BARC) wir der Positivlack entfernt und das ZrO_2 mit einer Mischung aus BCl_3 und Cl_2 geätzt. Die Ätzchemie ist kompliziert, da die Zr–O-Bindungen nur sehr schwer aufzubrechen sind und sich zudem vorwiegend nichtflüchtige Verbindungen bilden. Im Plasma reagiert das BCl_3 zu BCl_2^+ und Cl^- bzw. Cl^*. Anschließend erfolgt die Reaktion von ZrO_2 mit BCl_2^+-Ionen, da sich diese gut beschleunigen lassen und zur Bindungsspaltung führen. So erzeugte Zr-Spezies lassen sich mit Cl_2 und den Cl-Radikalen aus der BCl_3-Spaltung leicht weiter zu dem – bei diesen Bedingungen – gasförmigen $ZrCl_4$ umsetzen. [169]

Durch Zusatz von weiteren Ätzgasen (beispielsweise N_2, HBr, Cl_2 und O_2) sowie Veränderung der Ätzparameter Druck, Temperatur und Spannung, kann das Ätzprofil angepasst werden. Ziel ist es, ein gleichmäßiges Ätzprofil mit kleiner Strukturgröße durch die gesamte Hartmaske zu erreichen.

Erste Versuche erfolgten an größeren Strukturen (Löcher mit 120 nm Durchmesser) mit BCl_3 bei konstanter Kathodentemperatur (350 ℃). Hier konnten sehr gute Resultate, dem Ätzprofil entsprechend, erreicht werden. Bei Verkleinerung der Lochgröße auf ca. 70 nm zeigten die *Trenche* ein *Tapering*-Profil, das auch bei Erhöhung der Ätzzeit auf bis zu 400 s nicht behoben werden konnte. Durch Zusatz von N_2, HBr oder Cl_2 konnte keine Verbesserung erreicht werden. Erst die Mischung aus BCl_3 und Cl_2 und gleichzeitige Reduzierung der Generatorspannung (*Source/Bias*) führten zum gewünschten Ziel (Abbildung 3-71).

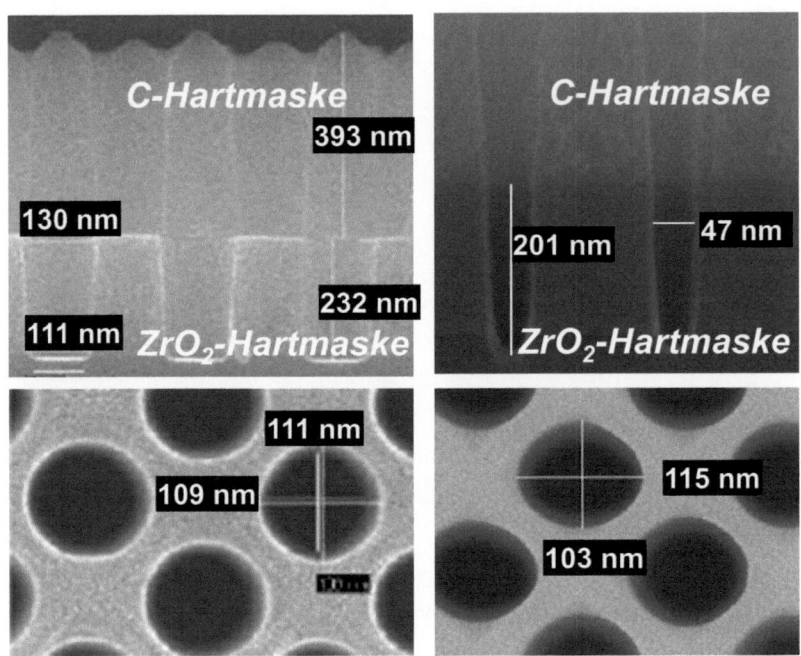

Abbildung 3-71: REM-Aufnahmen (Querschnitt und Draufsicht) nach der ZrO₂-Hartmaskenöffnung bei 10 mTorr mit 300 sccm BCl₃ (links; Bedingungen: RF_Bias = 200 W, RF_Source = 2000 W) sowie mit 300 sccm BCl₃ und 100 sccm Cl₂ (rechts; Bedingungen: RF_Bias = 200 W, RF_Source = 1000 W). Die Ätzdauer betrug 200 s.

Die Ätzung der Gräben durch die ZrO_2-Hartmaske (mit PEG-Zusatz, bei 700 °C behandelt) wird durch eine Mischung aus HBr, NF_3 und O_2 vorangetrieben. In Abbildung 3-72 sind REM-Aufnahmen von der Wafermitte und dem Waferrand nach der Si-*Deep-Trench*-Ätzung gezeigt.

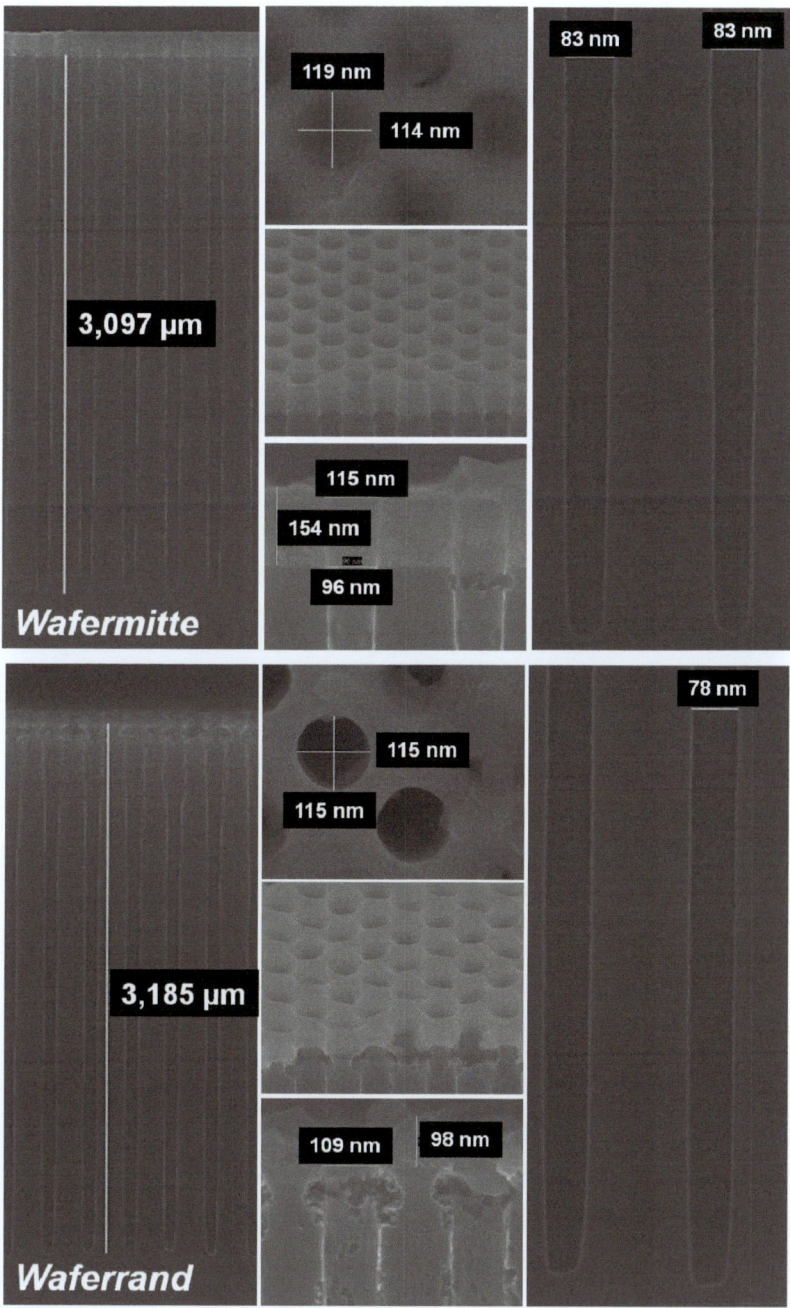

Abbildung 3-72: REM-Bilder (Querschnitt, gekippt, Draufsicht) der Si-Deep-Trench-Ätzung durch das ZrO_2 für verschiedene Waferpositionen.

Die gekippte Darstellung gibt eine gleichmäßige Wabenstruktur wieder, welche zum Waferrand hin etwas ungleichmäßiger wird. *Trench*-Tiefe und *Trench*-Breite sowie die Ätzprofile sind über den Wafer gleichmäßig. Unterhalb der Hartmaske kommt es zu Unterätzungen, die durch abgelenkte Teilchen entstehen. Das Aspektverhältnis der gezeigten Schicht liegt bei 37 in der Wafermitte und 41 am Rand. Die Schichtdicke der Hartmaske sank während der Ätzung von 230 nm auf ca. 150 nm, d. h. für 3,1 µm *Trench*-Tiefe wurden 80 nm Hartmaske benötigt. Das theoretisch mögliche Aspektverhältnis dieser Hartmaske beträgt ungefähr 102 – bei einer maximalen Grabentiefe von ca. 8,7 µm und einer angenommenen Grabenbreite von ca. 85 nm.

Die aus den ersten Versuchen der *Deep-Trench*-Ätzung gewonnen Erkenntnisse stimmen zuversichtlich, da eine gute Geometrie und ein Aspektverhältnis von > 100 als möglich erscheinen. Durch Anpassung der Parameter während des Ätzprozesses sollte es möglich sein, die Unterätzungen einzustellen oder zumindest zu minimieren. Die Herstellung und Strukturierung von ZrO_2-Hartmasken auf Basis der Sol-Gel-Technik liefen aussichtsreiche Schichteigenschaften für die Strukturierung von Halbleiterbauelementen.

4 Zusammenfassung & Ausblick

In der vorliegenden Arbeit wurden durch die Anwendung der Sol-Gel-Technik nanokristalline ZrO_2-Schichten bei überraschend niedrigen Temperaturen unterhalb von 400 °C auf 300 mm-Substraten hergestellt. Dieses Re sultat eröffnet Anwendungsfelder als Hartmaskenmaterialien in der Fertigung von Halbleiterbauelementen. Voraussetzungen dafür waren die erlangten Erkenntnisse zur Sol-Synthese, Sol-Abscheidung und Schichtbildung. Von zentraler Bedeutung sind langzeitstabile Sole mit homogenen Partikelgrößenverteilungen im Bereich von 10 bis 30 nm sowie eine steuerbare Abscheidung uniformer Schichten mit gezielt einstellbaren Filmdicken. Besonderes Augenmerk wurde auf die Qualität und Reproduzierbarkeit sowie mechanische und chemische Beständigkeit der Schichten gelegt. In Abbildung 4-1 sind die hierzu erzielten Erkenntnisse zusammengefasst.

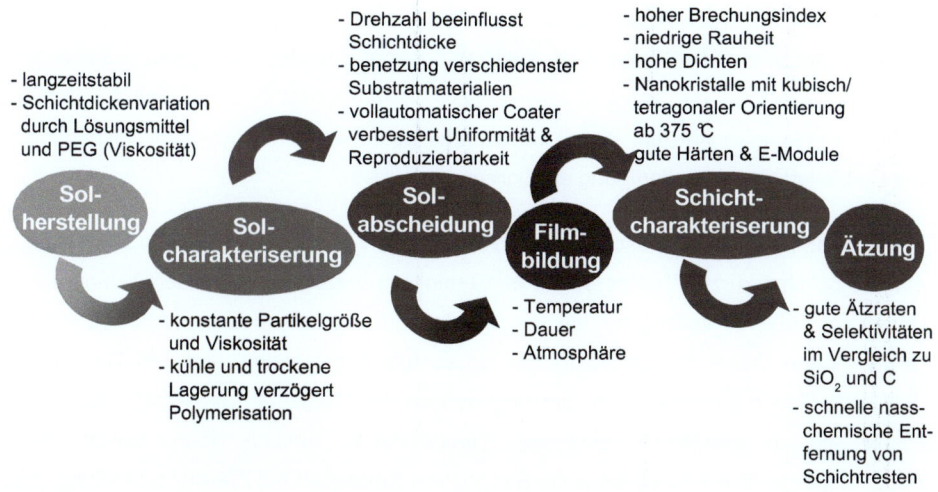

Abbildung 4-1: Schematische Darstellung der erzielten Ergebnisse im Prozessablauf.

Die Herstellung der Precursorlösungen erfolgte durch Stabilisierung von Zirkonium-tetra-*n*-propoxid (ZTP) mit Acetylaceton und anschließender partieller Hydrolyse. Als neuartiger Verfahrensschritt in der Sol-Gel-Synthese wurde das Abdestillieren von leicht flüchtigen Lösungsmitteln und Ersatz mit höher siedendem Pentanol praktiziert. Dadurch gelang eine Verbesserung der Schichtqualität bezüglich der Uniformität über das gesamte Substrat.

Zusätze von Verdickungsmittel (Polyethylenglykol, PEG) tragen zur Viskositätssteigerung des Sols bei, was sich als vorteilhaft zur Einstellung der gewünschten Schichtdicken erweist. Die im Charakterisierungszeitraum von 30 Tagen belegten konstanten Viskositäten und Partikelgrößen indizieren die geforderte Langzeit-stabilität, was sich in reproduzierbaren Beschichtungseigenschaften widerspiegelt und für technische Anwendungen von außerordentlicher Bedeutung ist. Polymerisationsreaktionen im Sol sind durch Lagerung im Dunkeln und bei tiefen Temperaturen verzögerbar, was UV/Vis-spektroskopisch charakterisiert wurde.

Die Abscheidung dünner Sol-Gel-Schichten mittels des Spin-Coating-Verfahrens erfolgte im Rahmen dieser Arbeit erstmals auf Siliziumwafern mit 300 mm Durchmesser. Im Vordergrund stand dabei die Optimierung der Sol-Abscheidung bezüglich Homogenität (Schichtdickenschwankung < 5 %), Defektfreiheit und definierten Schichtdicken. Durch Wiederholung des Abscheidungs- und Trocknungsschrittes wurden Schichtdicken bis zu 550 nm realisiert, wobei sich Sol-Zusammensetzung und Drehgeschwindigkeit als dominierende Einflussgrößen erwiesen. Die unzureichende Reproduzierbarkeit von Schichtdicken im Labormaßstab (> 10 %) wurde durch Übertragung auf einen vollautomatischen Spin-Coater in Produktionsumgebung gelöst. Es wurden insbesondere Verbesserungen bei der Randentlackung, Schichthomogenität (> 95 %) und der Schicht-zu-Schicht-Homogenität (ca. 99 %) erzielt, was potentielle Anwendungsmöglichkeiten in der Halbleiterbauelementfertigung ermöglicht.

Die Umwandlung von abgeschiedenen Gel-Schichten in keramische Filme wurde durch einen möglichst kurzen Temperschritt ($\leq$ 10 min) bei vorzugsweise milden Temperaturen unterhalb 500 °C vollzogen, um ein breites technolo gisches Anwendungsfeld zu gewährleisten. Der Kohlenstoffrestgehalt lag ab 400 °C zwischen 4 und 9 %. Die Bildung von Kristalliten mit Größen < 30 nm begünstigen das Entstehen der tetragonalen ZrO_2-Phase bei ungewöhnlich niedrigen Temperaturen. In-situ Hochtemperatur-XRD-Experimente zeigten zudem, dass die Bildung von Kristalliten bei Wärmebehandlung unter Stickstoffatmosphäre stark verzögert abläuft, was mit Sauerstoffmangel und einer damit verbundenen, langsam fortschreitenden Kristallitentwicklung in diesen Schichten begründet werden kann. Daher begünstigt das Tempern an Luft- oder Sauerstoff-atmosphäre die Herstellung nanokristalliner Schichten.

Dichte und Brechungsindices gebildeter ZrO_2-Filme sind mittels *Rapid Thermal Annealing* (RTA) für Temperaturen von 400 - 1000 °C steigerbar. Dies ist besonders vorteilhaft, da die spannungsfreie und verkürzte Prozessierung einen ökonomischen Prozessablauf begünstigt. Die auf diese Weise behandelten nanokristallinen Schichten lagen in der kubisch-tetragonalen Form vor. Im Gegensatz zu dem in der Literatur beschriebenem Auftreten einer monoklinen Phase bei Temperaturen ab 500 °C, sind monokline Anteile nicht unterhalb einer Temperatur von ca. 1000 °C de tektierbar.

Morphologische Untersuchungen mittels REM und TEM offenbarten die homogene Anordnung der nanoskaligen ZrO_2-Partikel mit einer Kristallitgröße im unteren Nanometer-bereich, was sich darüber hinaus in niedrigen Rauheiten und Porositäten äußert. Oberflächenanalytische Untersuchungen (EDX, EELX, XPS) zeigten, dass die Schichten noch kohlenstoffhaltigen Reste enthalten. Trotz des höheren Kohlenstoffanteils PEG-haltiger Schichten, weisen diese höhere Brechungsindices auf. Ursache hierfür sind die Bildung größerer Kristallite, die sich direkt auf die Bandstrukturen und damit auf die Brechungsindices auswirken.

Für die Untersuchung der Zusammenhänge zwischen der Temperaturbehandlung, Filmhärte und Elastizitätsmodul wurden ZrO_2-Schichten zwischen 300 und 1000 °C thermisch behandelt und mittels Nanoindentation charakterisiert. Die Untersuchungs-ergebnisse belegen einen Anstieg der relativen Härte und Elastizitätsmodule in Abhängigkeit von der Temperaturbehandlung (300 °C/ 700 °C/1000 °C). Die ermittelten Werte sind durch die vom normalen Prozedere abweichenden Abscheidungsbedingungen nicht mit den Erkenntnissen aus anderen Charakterisierungsmethoden in Beziehung zu setzen, zeigen aber dennoch das Anwendungspotential dieser Schichten als Hochleistungskeramik. Für weiterführende Untersuchungen sollten zusätzlich theoretische Verfahren auf Basis der Dicht-Funktional-Theorie angewendet werden, um zum Verständnis der Korrelation zwischen Struktur, chemischer Zusammensetzung und elastischen Eigenschaften beizutragen. Der Einsatz eines Ultraschallmikroskops kann zudem zur Aufklärung des elastischen Verhaltens herangezogen werden.

Neuartige Anwendungsfelder der synthetisierten ZrO_2-Schichten als Hartmasken-materialien erfordern neben der Reproduzierbarkeit geeigneter Schichtdicken und spezifischer Dichten eine hohe Resistenz gegenüber Trockenätzmedien. Zur Prüfung potentieller Anwendungsmöglichkeiten in Strukturierungsprozessen, wurden PEG-haltige Schichten (> 400 nm) für *Deep-Trench*-Anwendungen sowie die der PEG-freie Schichten (< 100 nm) für *Double-Patterning*-Verfahren getestet.

Untersuchungen zum Ätzverhalten der ZrO_2-Schichten wurden sowohl an unstrukturierten (I) als auch an strukturierten Schichten (II) in Zusammenarbeit mit dem *Fraunhofer IKTS* und der *Qimonda* GmbH & Co. OHG durchgeführt. Eine selektive Entfernung von

Beschichtungsresten gelingt beispielsweise mit einem Gemisch aus HF und HNO_3 (im Volumenverhältnis 1 : 5,8), was für Folgeprozesse von grundlegendem Interesse ist.

Das anwendungsspezifische Trockenätzverhalten von ZrO_2-Schichten lässt sich wie folgt skizzieren:

(I)   Tests mit unstrukturierten Schichten

Zur Absteckung möglicher Anwendungsbereiche der Sol-Gel-ZrO_2-Schichten wurden diese industriell etablierten Trockenätzmedien ausgesetzt. Die Untersuchungen zeigten, dass die neuartigen keramischen Filme dem Referenzmaterial SiO_2 überlegen sind. In Bezug auf die angestrebten Anwendungsfelder wurde eine selektive Ätzung sowohl durch Mischungen aus HBr, NF_3 und O_2 (*Deep-Trench*) als auch O_2 (*Double-Patterning*) erzielt. Überdies ist die Ätzresistenz von ZrO_2-Schichten durch thermische Nachbehandlung signifikant steigerbar. Dies legt den Schluss nahe, dass die Verdichtung im unteren Temperaturbereich noch nicht vollständig abgeschlossen ist. Eine Korrelation von Dichte und Brechungsindex mit der Ätzrate wurde experimentell nachgewiesen.

(II) Tests mit strukturierten Schichten

Für eine industrielle Anwendung sind einfache und genaue Strukturierungen essenziell. Zur Übertragung des Musters kamen die in der Halbleiterindustrie bewährten Masken bestehend aus SiO_2, C, SiO_xN_y und BARC (*bottom anti-reflection coating*) zum Einsatz. Dabei stellte die Übertragung der aufgeprägten Struktur auf die ZrO_2-Schichten eine große Herausforderung dar. Die Variation der Prozessparameter Temperatur, Druck und Generatorspannung hatte symmetrische Ätzprofile zur Folge, die sich für die Substratätzung eigneten. Erste Versuche einer Grabenätzung mit HBr, NF_3 und O_2 lieferten Aspektverhältnisse (Grabentiefe zu Grabenbreite) von ca. 40 : 1. Für *Trench*-Tiefen von 3,1 µm wurden 80 nm Hartmaskenmaterial abgetragen.

Die derzeit dominante *Stack*-Technologie – bei der sich der Kondensator nicht im sondern oberhalb des Substrates befindet – erfordert gegenüber dem *Trench*-Verfahren keine tiefen Strukturen. Demzufolge sind Hartmasken mit geringeren Schichtdicken und -dichten anwendbar. Als besonders vorteilhaft gelten in diesem Zusammenhang die geringen Herstellungskosten (milde Temperaturbehandlung) Sol-Gel-basierter Materialien. Eine diesbezügliche Weiterführung dieser Untersuchungen ist daher lohnenswert.

Der im Rahmen dieser Arbeit geleistete Beitrag eröffnet einen überraschend einfachen Weg, um neuartige Hartmasken aus ZrO_2 ökonomisch auf Siliziumsubstraten abzuscheiden. Die gewonnen Erkenntnisse eröffnen auch Möglichkeiten zur Flüssigphasenabscheidung für zukünftigen Substratgrößengenerationen (450 mm). Für nachfolgende Projekte sind sowohl der Nachweis als auch die Klärung des exakten Kohlenstoffgehaltes in Abhängigkeit von der Temperaturbehandlung eine interessante Aufgabenstellung. Besonderes Augenmerk sollte auf den bislang vernachlässigten Einfluss von Dotierstoffen (Y, Mg, Ca) in der Halbleiterbauelementfertigung gerichtet werden. Direkte Strukturierungen von besonders mild behandelten Oxidschichten (< 100 °C) mit anschließenden Temperschritten erscheinen lohnenswert. Neben den aufgezeigten Anwendungsmöglichkeiten als Hartmaskenmaterialien ist ebenso der Einsatz von ZrO_2-Filmen als Ätzstopp-Schicht denkbar, da diese eine ausgeprägte Resistenz gegenüber diversen Trockenätzmischungen zeigen. Mit Hilfe von ausgedehnten elektrischen Messungen (Strom-Spannungs-Kurven, Diffusionsstrom) sowie Bestimmung äquivalenter Oxiddicken (*equivalent oxide thickness*) können Anwendungen von Sol-Gel-Schichten als Dielektrika bei MOS-Transistoren geprüft werden.

5 Experimenteller Teil

5.1 Arbeitstechniken

5.1.1 Sol-Synthese

Die Herstellung der Sole erfolgte bei Reinraumatmosphäre (22 °C, 40 % relative Luftfeuchte) an Luft. Zur Lagerung wurden die Sole in Glasflaschen abgefüllt und sowohl im Chemikalienschrank (22 °C) als auch im Kühlschrank (8 °C) aufbewahrt. Zu den weiteren Detail zu den Sol-Synthesen siehe 5.3.

5.1.2 Sol-Abscheidung

Labor-Coater

Das Beschichten der 300mm-Wafer erfolgte an einem Spin-Coater *Cee Model 100FX* der Firma *Brewer Science* (Abbildung 5-1). Die maximal erreichbare Geschwindigkeit beträgt 3000 U min^{-1} mit einer Reproduzierbarkeit von ± 5 U min^{-1}. Das Gerät verfügt über eine druckgesteuerte Dosierung des Sols, sowie die Möglichkeit der Randentlackung und Rückseitenreinigung.

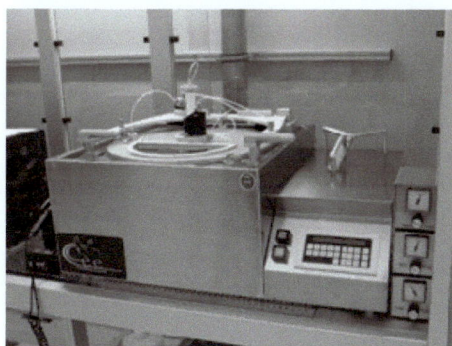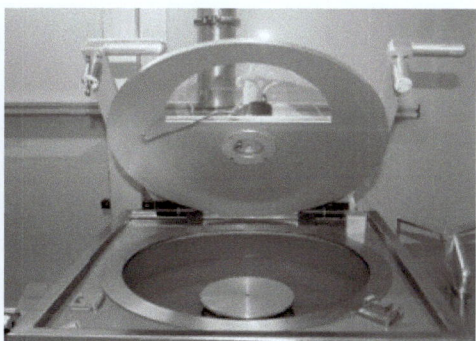

Abbildung 5-1: Spin-Coater Cee Model 100FX von Brewer Science.

Das Gerät befindet sich in einer sogenannten *Flow-Box*, welche einen laminaren Luftstrom erzeugt und dadurch eine Kontamination mit Partikeln aus der Luft minimiert. Der Wafer wird mit Hilfe einer Vakuumpinzette auf den Probenhalter (*Chuck*) gelegt und zentriert.

Tabelle 5-1 gibt das allgemeine Beschichtungsrezept für den Labor-Coater wieder.

Tabelle 5-1: Beschichtungsrezept für den Labor-Coater.

SCHRITT	ROTATIONS-GESCHWINDIGKEIT	DAUER	BEMERKUNG
	in U min^{-1}	in s	
1	1500	15	*pre-wet* mit *n*-Propanol
2	1500	5	dynamische Sol-Applikation (69 kPa)
3	1800	10	Abschleudern von überschüssigem Sol
4	2000	20	Einstellung der Schichtdicke und Uniformität, Rückseitenreinigung
5	300	20	Antrocknen der Schicht
6	150	10	Randentlackung mit PGMEA (100 kPa)
7	1000	3	Entfernung von Lösungsmittelresten
8	0	0	Ende

Vollautomatischer Spin-Coater

Als vollautomatischer Spin-Coater kam der *Clean Track ACT 12* von *Tokyo Electron* (TEL) zum Einsatz (Abbildung 5-2). Er verfügt über zwei Spin-Coater, wobei einer mit einer sogenannten *Small-Volume-Dispense* (ähnlich der im Labor-Coater) ausgestattet ist, die bei diesen Versuchen zum Einsatz kam.

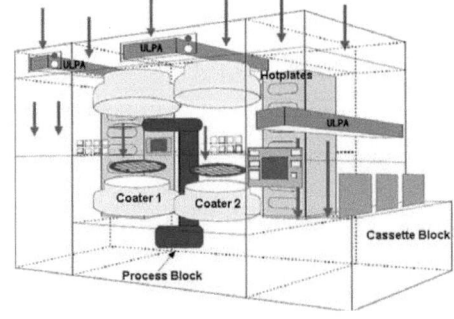

Abbildung 5-2: Clean Track ACT 12 von TEL mit schematischer Innenansicht. [170]

Der FOUP (Front Opening Unified Pod) wird auf den Cassette Block gestellt, von wo aus jeder Wafer zur Prozessierung (Process Block) transferiert wird. Die Luft im Gerät wird durch ULPA-Filter (Ultra-Low Particulate Air) gereinigt.

Der Ablauf der Beschichtung wird u. a. durch die Düse für *pre-wet*-Lösungsmittel und Sol optimiert. In Abbildung 5-3 ist der Ablauf schematisch demonstriert.

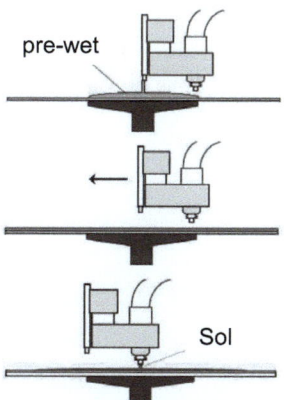

Abbildung 5-3: Düse für pre-wet und Sol beim vollautomatischen Spin-Coater Clean Track ACT 12.

Für die Beschichtung auf dem *TEL ACT 12* muss das Rezept entsprechend angepasst werden. In Tabelle 5-2 ist der Abfolge zusammengefasst.

Die beschichteten Wafer werden auf einer integrierten Hotplate bei 350 °C für 5 Minuten erhitzt. Zur Überprüfung des Beschichtungsergebnisses wurde auf optischem Weg die Schichtdicke *in-situ* gemessen.

Tabelle 5-2: Beschichtungsrezept für den vollautomatischen Spin-Coater.

SCHRITT	ROTATIONS-GESCHWINDIGKEIT	DAUER	BEMERKUNG
	in U min^{-1}	in s	
1	2000	2	*pre-wet* mit MIBK
2	2800	5	dynamische Sol-Applikation
3	1500	35	Abschleudern von überschüssigem Sol und Einstellung der Schichtdicke
4	700	2	Düse für Randentlackung wird in Position gebracht (1,5 mm Rand)
5	700	15	Rückseitenreinigung und Randentlackung mit MIBK
6	700	2	Düse von Randentlackung zurück in Ausgangsposition
7	1000	5	Entfernung von Lösungsmittelresten
8	0	0	Ende

5.1.3 Trocknung der ZrO$_2$-Schichten

Die Wärmebehandlung dient der Überführung in den keramischen Zustand. In einem ersten Schritt, der Trocknung, entsteht durch Ausbrennen der flüchtigen, organischen Bestandteile eine amorphe, anorganische Schicht. Nach der Beschichtung auf dem Labor-Coater wird bei einer Temperatur von 350 °C die Schicht auf einer Hotplate (*Cee Model 1100FX* der Firma *Brewer Science*, Abbildung 5-4) pyrolisiert. Dieser Prozess ist nach 10 Minuten abgeschlossen.

Die Hotplate arbeitet in einem Temperaturbereich von 50 bis 400 °C (Auflösung von 0,1 °C) und kann in drei Backmodi betrieben werden. Im „*hard*"-Modus wird der Wafer mit Vakuum angesaugt, während er im „*soft*"-Modus nur auf der Heizplatte liegt. Beim „*proximity-bake*" schwebt der Wafer auf einem „Stickstofffilm" ca. 1mm über der Heizplatte. Zwar würde auf diese Art die Kontamination der Waferrückseite minimiert werden, aber die beste Wärmeübertragung zwischen Heizplatte und Wafer liefert die Methode unter Nutzung von Vakuum.

Abbildung 5-4: Hotplate Cee Model 1100FX von Brewer Science.

5.1.4 <u>Reinigung der Rückseite</u>

Um nachfolgende Prozessschritte nicht unnötig zu kontaminieren – z. B. Einschleppen von Partikeln oder Diffusion in andere Schichten – wurde die Rückseite noch einmal gereinigt. Dabei kamen Einzel-Wafer Anlagen des Typs *SP323* (2-Kammern/Chucks) bzw. eine *Davinci DV-34BF* (4 bis 8 Kammern/*Chucks*) der Firma *LAM* zum Einsatz. Die Reinigung der Rückseite erfolgt mittels Abschleudern von gepufferter Flusssäure (Abbildung 5-5), dabei wird der Wafer auf die Vorderseite gedreht und nur am Rand von vier Klemmen berührt. Mittels Stickstoffspülung wird die beschichtete Vorderseite gegen einen etwaigen Ätzangriff abgedichtet. Die Prozessierung wird unter Raumatmosphäre durchgeführt und dauert 70 s.

Abbildung 5-5: Single-Wafer Spin-Clean (LAM). [171]

5.1.5 Sinterung der ZrO$_2$-Schichten

Für Temperaturbehandlungen über 400 °C wurde die Methode des *Rapid Thermal Annealing* (RTA) angewendet, dabei wird die Probe innerhalb weniger Sekunden mittels mehrerer Halogenlampen auf die gewünschte Temperatur aufgeheizt (engl. *ramp-up*, ca. 100 K s^{-1}) und für kurze Zeit bei dieser gehalten (60-90 Sekunden). Beim Ausschalten der Lampen kühlt der Wafer wiederum sehr schnell ab (engl. *ramp-down*, ca. 50 K s^{-1}). Aufgrund der Anordnung der Halogenlampen sind RTA- Anlagen als Einzelwaferanlagen ausgelegt.

Das verwendete RTA-System ist vom Typ *MATTSON Helios* und besitzt zwei Prozesskammern. Die Siliziumwafer werden einzeln in einer Quarzkammer unter einem Reaktionsgasstrom (im Rahmen der Arbeit wurden alle Temperschritte unter Luft durchgeführt) mittels 56 Wolfram-Halogenlampen, die sich ober- und unterhalb der Quarzkammer befinden (Abbildung 5-6) kontaktlos aufgeheizt. Mit dieser Anordnung lassen sich Heizraten von bis zu 400 K s^{-1} erreichen.

Abbildung 5-6: Kammer der RTA-Einheit Mattson Helios mit Wafer. [172]

Eine hohe Abkühlrate wird erreicht, weil die thermisch belastete Masse quasi nur aus dem Wafer besteht, so dass die Wärme durch den Gasstrom aufgrund der großen Oberfläche des Wafers schnell abgeführt werden kann. Es handelt sich hier um einen Warmwand-reaktor, bei dem die Quarzkammer im Betrieb ständig von außen mit Kühlgas umströmt wird. Da sich im RTA-System die Probe nicht im thermischen Gleichgewicht mit der Umgebung befindet, muss die Temperatur mit einem Pyrometer bestimmt werden, das auf die Wärmestrahlung des Wafers reagiert.

5.1.6 Lithographie

Da die direkte Strukturierung des ZrO_2-Films schwierig und mit einem erhöhten Forschungsaufwand verbunden ist, wurde auf die in der Halbleiterindustrie bewährte Maske bestehend aus 1500 nm SiO_2, 500 nm C, 50 nm SiO_xN_y und 40 nm BARC (*bottom anti-reflection coating*) zurückgegriffen. Aufgrund der niedrigen Selektivität des ZrO_2 zu SiO_2 von 0,8 : 1 ist dieser dicke Schichtstapel notwendig. Die Abscheidung erfolgt mittels CVD an einer *Producer GT* von *Applied Materials* mit folgenden Precursoren: SiO_2 (aus der Reaktion von N_2O mit SiH_4 und O_2); C (aus der Reaktion von CH_4 und H_2), SiO_xN_y (aus der Reaktion von N_2O mit SiH_4 und O_2).

Die Parameter *n* und *k* der C-Schicht sind für die Absorption im Tiefen-UV (193 nm) optimiert. Auf dem *TEL Track ACT 12* wird anschließend der Lack abgeschieden, belichtet (*ASML*-Belichter) und entwickelt.

5.1.7 Maskenöffnung

Der gesamte Ätzprozess (Maskenöffnung, Lackentfernung, Hartmaskenöffnung und Grabenätzung) erfolgt an der *Applied Materials Centura Revision 4* (Abbildung 5-7), einem Hauptgerät *(Mainframe)* mit 4 Kammern (*Enabler, Axiom-Stripper, Hot DPS* und *H3*).

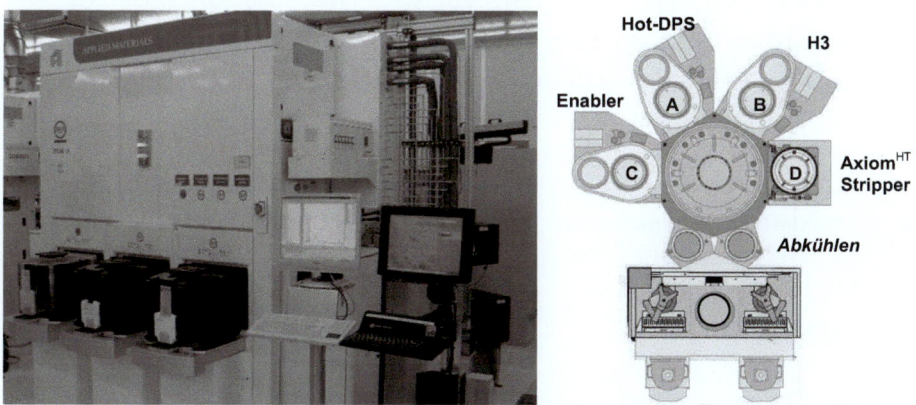

Abbildung 5-7: Applied Materials Centura Revision 4 mit 4 Kammern. [173]

Die Maskenöffnung der Schichten über dem ZrO_2 erfolgt mit einer unterschiedlichen Plasmachemie, aber in derselben Kammer bei 20 °C:

Für die Maskenöffnung wird der *Enabler* – eine CCP-Anlage mit 160 MHz Plasmagenerator zur Einstellung der Plasmadichte und zusätzlich 2 bzw. 13 MHz *Bottom Coupling* – verwendet. Unterhalb der Ionenplasmasequenz können die Ionen direkt über ein elektrisches Feld beschleunigt werden (2 MHz) und bei 13 MHz kann eine sogenannte *Self-Bias* aufgebaut werden, die der Einstellung der mittleren Ionenenergie dient.

BARC + SiON: CF_4 + Ar (p = 6,67 Pa)

C: H_2 + N_2 (p = 4 Pa)

SiO_2:   Ar + C_4F_6 + O_2 (p = 1,3 – 2,0 Pa)

Vor der Öffnung der ZrO_2-Schicht an der *DPS II HT* von *Applied Materials* (ICP-Anlage, Kathode auf 350 °C aufheizbar, 12 MHz Plasma und 12 MHz *Bottom Coupling*) wird eine Vorreinigung der Oberfläche (*Break Through*) auf dem *Axiom-Stripper* durchgeführt. Bei 350 °C und 2,67 Pa wird mittels BCl_3 und Cl_2 das ZrO_2 geätzt.

5.1.8 Grabenätzung

An der *H3* – einer CCP-Anlage, mit 60 MHz Plasma und 2 MHz *Bottom Coupling* sowie 4 Magnetfeldspulen in MERIE- Anordnung (***M**agnetic **E**nhanced **R**eactive **I**one **E**tch*) – werden bei 80 °C, 2,13 Pa und 1400 W *Source + Bias* die Gräben geätzt. Als Basisätzchemie wird 400 sccm HBr, 75 sccm NF_3 und 37 sccm O_2 (zur Seitenwandpassivierung) verwendet. Die Prozessoptimierung erfolgt während des Prozesses durch Einstellung von Druck, Gasfluss, Leistung und Magnetfeld.

5.2 Charakterisierungsmethoden

5.2.1 *Karl-Fischer*-Titration

Vor der Titration wird von dem *Karl-Fischer*-Lösungsmittel (SiO_2 und einem geruchlosen, ungiftigen Amin in MeOH; *Merck*) der Wassergehalt bestimmt und anschließend mit 1 ml Sol versetzt. Die Titration wird mit dem *Karl-Fischer*-Reagenz (iodhaltige Lösung, *Merck*) bis zum Farbumschlag farblos → orange-braun durchgeführt.

Die Acetylaceton-Liganden im Sol neigen zur Aldolkondensation, was die Ermittlung des Umschlagpunktes erschwert, da sich die Lösung immer wieder entfärbt. Aufgrund der Tatsache, dass die Reaktion von Acetylaceton und Iod erheblich langsamer verläuft, als die Reaktion von Wasser mit Iod, wurde bis zu einem merklichen Farbumschlag titriert.

5.2.2 Dynamische Lichtstreuung (DLS)

Die Bestimmung der Teilchengröße der Sole wurde an einem *High Performance Particle Sizer* sowie einem *ZetaSizer Nano ZS* der Firma *Malvern* am Institut für Sensormaterialien der *TU Bergakademie* bzw. am *Fraunhofer IKTS* durchgeführt.

Die Probenmessung erfolgte in Quarzglasküvetten. Als Strahlungsquelle dient ein Laser (max. 5 mW bei 632,8 nm). Neben der Intensität des Streulichtes im 90°-Winkel, wird auch dessen Schwankungen gemessen, aus denen eine Korrelationsfunktion – Multiplizieren der Intensität bei t und $t + n$ (δt) und Summieren über das gemessene Zeitintervall – berechnet wird. Die Auswertung der Autokorrelationsfunktion erfolgt mit Hilfe der Kumulantenanalyse. Hierbei werden die Messergebnisse in halblogarithmischer Form aufgetragen und vom Korrelator eine angepasste Gerade errechnet, deren Steigung den mittleren intensitätsgewichteten Partikeldurchmesser liefert. Der Detektionsbereich liegt bei diesen Partikelmessgeräten zwischen 0,6 nm und 6 µm.

5.2.3 Viskositätsmessung

Zur Viskositätsmessung wurde ein Viskosimeter *SV 10* (*A&D Instruments Ltd.*, UK) mit einem Zylindermesssystem und einem Thermostat genutzt. Alle Proben wurden vor der Messung auf 20 °C temperiert. In einem Zeitraum von einem Monat wurden temperaturabhängig die Partikelgrößenverteilung und die Viskositäten von Solen mit und ohne PEG-Zusatz untersucht.

5.2.4 *Raman*-Spektroskopie

Zur Untersuchung der Flüssigkeiten mittels *Raman*-Spektroskopie kam ein *RFS 100/S* Spektrometer von *Bruker* zum Einsatz. Die Proben wurden bei 20 °C und 200 mW mittels eines Neodym-dotierter Yttrium-Aluminium-Granat-Laser (kurz Nd:YAG) und einer

Wellenlänge von 1064 nm angeregt. Das Streulicht wurde in rückstreuender Geometrie (180 °) von einem N$_2$-gekühlten Ge-Detektor registriert.

5.2.5 FT-IR-Spektroskopie

Die Aufnahme der Flüssigkeitsspektren erfolgte am *Nicolet 380 FT-IR* (*Thermo Fisher Scientific*, mit einem deuterierten L-Alanin dotiertem Triglyzinsulfat-Detektor = DLATGS) im Transmissions-modus bei 20 °C (Abbildung 5-8 links). Dazu wurde die jeweilige Flüssigkeit zwischen zwei CaF$_2$-Fenstern gemessen und ein Übersichtsspektrum im Bereich von 400 bis 4000 cm^{-1} im Transmissionsmodus aufgenommen.

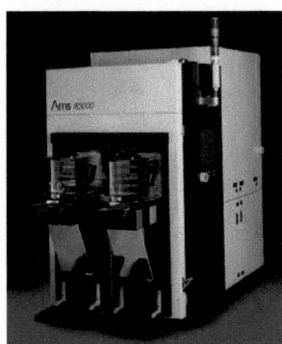

Abbildung 5-8: FT-IR-Spektrometer Nicolet 380 FTIR von Thermo Fisher Scientific für Flüssigkeiten (links) und IR3000 von Advanced Metrology Systems [174] für Schichten (rechts).

Die Spektren der ZrO$_2$-Schichten auf Si-Wafern wurden ein einem *IR3000* (*Advanced Metrology Systems*) anhand ganzer Wafer unter einem Winkel von 45 ° im Reflexionsmodus im Bereich von 500 bis 7000 cm^{-1} aufgenommen (Abbildung 5-8 rechts). Es wurden beschichtete Wafer zerstörungsfrei gemessen, die bei unterschiedlichen Temperaturen behandelt wurden.

5.2.6 UV/Vis-Spektroskopie

Die Messung der Spektren erfolgte an einem Einstrahlphotometer *SPECORD M 40* von *Carl Zeiss*, Jena wobei zuerst das Lösungsmittel gemessen und gespeichert wird. Vor jeder Messung wurde der Untergrund gemessen. Es wurden Quarzglasküvetten mit einer Schichtdicke von 1 cm verwendet und das Sol im Bereich von 200 bis 700 nm unverdünnt gemessen.

5.2.7 Differentielle Thermoanalyse – Thermogravimetrie (DTA-TGA)

Die DTA-TGA-Messungen wurden in einer *STA 449 C* (*SimultanThermoAnalysator*) der Firma *Netzsch Gerätebau GmbH*, unter Verwendung von Al_2O_3 als Referenzsubstanz durchgeführt. Gemessen wurde in einem Temperaturbereich von 20 bis 800 °C (Heizrate 40 K min^{-1}) und unter verschiedenen Atmosphären (trockene Luft bzw. Stickstoff).

5.2.8 *Thermogravimetrie*

Zur Thermogravimetrischen Analyse wurden drei Sol-Proben jeweils in einem Al_2O_3-Tiegel gefüllt, genau ausgewogen und anschließend in einem Muffelofen des Typs *RHF 1400* von *Carbolite* auf 1000 °C aufgeheizt (Heizrate von 25 K min^{-1}) und bei dieser 30 min belassen. Danach wird der Ofen ausgeschalten, die Proben abgekühlt und der Feststoff ausgewogen.

5.2.9 Thermische Desorptionsspektroskopie

Die Messung der Waferverbiegung und der Ausgasungen erfolgte an einem Waferbow/Waferstress-Messgerät *FSM 128L von Frontier Semiconductor*, Moirans. Dabei wurden ein Wafer bis 1000 °C mit 5 K min^{-1} (12 kW Heizleistung) in einer vergoldeten Kammer unter Hochvakuum ($1*10^{-8}$ mbar, Turbopumpe) aufgeheizt und anschließend wieder mit der gleichen Rate abgekühlt. Alle 10 Minuten wird dabei der Wafer zur Ermittlung der Verbiegung von der *Notch* (engl. Kerbe) zur *Anti-Notch* über 80 % der Länge abgescannt (Abbildung 5-9). Zusätzlich wird jedes Mal ein Massenspektrum aufgenommen.

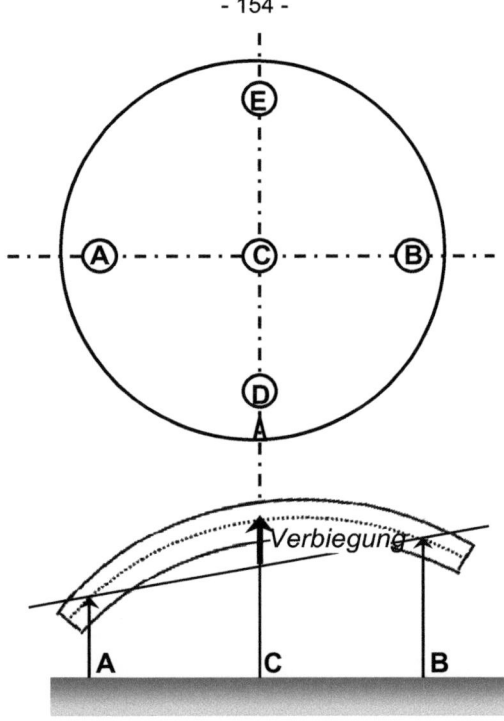

$$\text{Verbiegung} = \frac{C-(A+B)}{2} \text{ bzw. } \frac{C-(D+E)}{2}$$

Abbildung 5-9: Bestimmung der Verbiegung eines Wafers.

5.2.10 Spektroskopische Ellipsometrie

Zur Bestimmung von Schichtdicken, Brechungsindices und Verspannungen wurde die spektroskopische Ellipsometrie (SE) angewandt. Linear polarisiertes Licht triff unter einem relativ großen Einfallswinkel auf die Probenoberfläche und wird reflektiert, wobei es elliptisch polarisiert wird (Abbildung 5-10). In Abhängigkeit von der Wellenlänge des einfallenden Lichtes werden der Polarisationszustand des reflektierten Lichtes, welcher durch Richtung und Verhältnis der optischen Hauptachsen charakterisiert ist, und der Absolutwert der Amplitude gemessen.

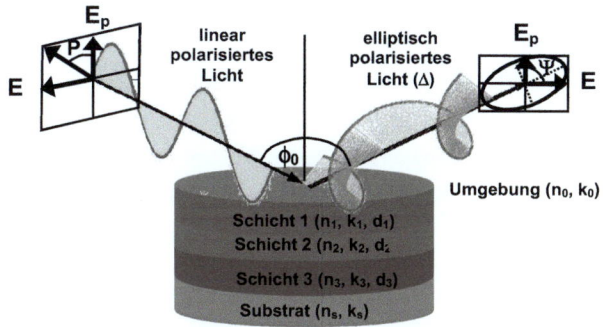

Abbildung 5-10: Schematische Darstellung der spektroskopischen Ellipsometrie mehrerer Schichten.

Die Änderung des Polarisationszustands kann im einfachsten Fall durch das komplexe Verhältnis ρ des Reflexionskoeffizienten r_s für Licht, das senkrecht zur Einfallsebene polarisiert ist, zum Reflexionskoeffizienten r_p für Licht, das parallel zur Einfallsebene polarisiert ist, beschrieben werden: [175]

$$\rho = \frac{r_p}{r_s} = \tan \Psi e^{i\Delta} \tag{5-1}$$

ρ	Änderung der Phasendifferenz zwischen s- und p-polarisierter Welle
Ψ	Änderung des relativen Amplitudenverhältnisses
r	*Fresnel*-Reflexionskoeffizienten

Es werden immer zwei *Stokes*-Parameter (Ψ und Δ) in einem bestimmten Spektralbereich in Abhängigkeit von der Wellenlänge λ bestimmt. Anschließend lassen sich daraus Brechungsindex n und Extinktionskoeffizient ε dünner Schichten ermitteln. Aus dem berechneten Brechungsindex, den Wellenlängen zweier Interferenzminima und der Ordnungszahldifferenz N zwischen den Wellenlängen kann die Schichtdicke d mit einer Genauigkeit von 0,1 nm nach folgender Gleichung berechnet werden: [175]

$$d = \frac{N \cdot \lambda_{11} \cdot \lambda_{12}}{2(\lambda_{12} - \lambda_{11})(n_2^2 - \sin^2 \lambda)^{\frac{1}{2}}} \tag{5-2}$$

d	physikalische Schichtdicke [nm]
$\lambda_{11}, \lambda_{12}$	Wellenlängen zweier Interferenzmaxima oder -minima [nm]

N Ordnungsdifferenz (N = 1: für zwei benachbarte Maxima oder Minima)

Die Messungen erfolgten am *FX5* (Bestimmung von n, k und d) und am *FX100* (Bestimmung von n, k, d sowie Verspannungen) der Firma *KLA-TENCOR*.

Je nach Schichtaufbau und Anwendung erfolgte die Messung mit unterschiedlicher Abrasterung (Abbildung 5-11), bei einer Lichtfleckgröße von 10 µm x 10 µm.

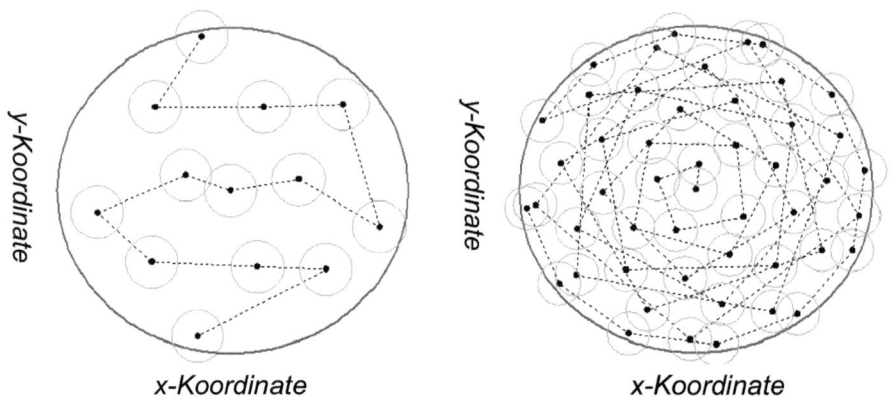

Abbildung 5-11: Lage der Messpunkte für ein 13-Punkte- und ein 49-Punkte-Messrezept mit 6 mm Randausschluss.

Mehrlagige Schichtsysteme (mit Si_3N_4 und SiO_2 als Unterschicht) werden durch Vormessung der Schichten unter Verwendung der jeweiligen optischen Parameter bestimmt. Die Grenzen für n und d müssen vor der Messung entsprechend angepasst werden.

5.2.11 Waferverbiegungsmessung

Zur Ermittlung der Kräfte auf die ZrO_2-Schicht in Abhängigkeit von der thermischen Behandlung nach der Beschichtung kam die Messung der Waferverbiegung zum Einsatz. Dazu wurde ein Deformationsmessgerät *MX 208* der Firma *Eichhorn + Hausmann*. Hierbei wird der Ablenkwinkel eines auf der Probenoberfläche reflektierten Laserstrahls entlang einer Linie über die Probe bestimmt. Mittels der *Stoney*-Gleichung kann von der Probenverbiegung auf die Schichtspannung geschlossen werden. Für den Fall, dass die Substratdicke >> Filmdicke ist – was bei den in dieser Arbeit hergestellten Filmen auch immer erfüllt ist ($d_{Substrat}$ = 775 µm, d_{Film} < 0,5 µm) – lässt sich die *Stoney*-Gleichung wie folgt formulieren:

$$\sigma = \frac{E_{Substrat}}{(1 - v_{Substrat})} \cdot \frac{d^2_{Substrat}}{6 \cdot r \cdot d_{Film}}$$

(5-3)

σ biaxiale Spannung [GPa]

$E_{Substrat}$ uniaxialen Elastizitätsmodul ($E_{Si<110>}$ = 169,0 GPa [176])

$v_{Substrat}$ *Poisson*-Zahl des Substrats ($v_{Si<110>}$ = 0,27 [176])

$d_{Substrat}$ Substratdicke [nm]

d_{Film} Filmdicke [nm]

r Krümmungsradius des Substrat-Film-Verbundes (Waferverbiegung) [nm]

5.2.12 Flugzeit-Sekundärionenmassenspektroskopie (ToF-SIMS)

Die Flugzeit-Sekundärionenmassenspektren wurden an einem *TOF-SIMS 300* von *ION-TOF GmbH* (Abbildung 5-12) mit einer lateralen Auflösung ≤ 250 nm und einer Tiefenauflösung ≤ 0,5 nm gemessen. Das Detektionslimit liegt bei 10^8 Atome/cm² auf einer Halbleiteroberfläche und ist vom jeweiligen Element abhängig. Als Elektronenstoßquelle stehen Ar^+, Xe^+ und O_2^+ zur Verfügung.

Abbildung 5-12: TOF-SIMS 300 von ION-TOF GmbH.

5.2.13 *Röntgen*-Photoelektronenspektroskopie (XPS)

Die chemische Zusammensetzung an der Oberfläche wurde mit einem Photoelektronen-spektrometer *VeraFlex* von *ReVera* an Gel-Schichten auf Glas bestimmt. Das Gerät kann für 200 bzw. 300 mm-Wafer verwendet werden. Die Anregung erfolgte mit nichtmono-chromatischer Al/K_α-Strahlung (Passenergie: 141,20 eV). Der Winkel zwischen Analysator und Probenoberfläche betrug 90 ° und die Analysator spannung lag bei 600 eV. Untergrundsubtraktion, Peakintegration und Peakfitting wurden mit *SpecsLab*-Software durchgeführt. Die Atomkonzentrationen wurden über die Peakflächen nach der Methode von *Scofield* [177] berechnet.

5.2.14 *Rückstoßatom-Spektrometrie (ERDA)*

Die quantitative Analyse der Elemente Zr, C, O, Hf und H erfolgte am Forschungszentrum Dresden Rossendorf von Dr. Neidhardt an einem 5-MV-Tandembeschleuniger *EGP-10-1* (Abbildung 5-13) vom Efremov-Institut NIIEFA Leningrad (St. Petersburg)/Russland.

Hochspannungserzeugung: Van-de-Graaff Generator

Beschleunigungsspannung: 0,8 - 4,5 MV

Strahlstrom: 0,001 -10 µA

Ionenarten: nahezu alle Ionenarten, vorrangig ^{1}H, ^{2}H, He, Li, C, ^{14}N, ^{15}N, O, Cl, Br

Ionenquellen: Cs-Sputterquelle MISS-483, off-axis Duoplasmatron EKTON-4

Abbildung 5-13: 5-MV-Tandembeschleuniger EGP-10-1 am FZ Dresden Rossendorf.
[178]

5.2.15 *Röntgen*-Diffraktometrie (XRD)

Die Messungen wurden an einem *Bruker D8 Discover* (Abbildung 5-14) mit CuK$_\alpha$-Strahlung (40kV/40 mA) unter streifendem Einfall (Θ = 0,65 °) durchgeführt, um die Probenmenge und damit die Signalintensität zu erhöhen. Für die Spannungsmessungen wurde ein Winkelbereich von 10 – 148 ° abgefahren. Die zu untersuchende Probe wird bei Standardmessungen auf einer ¼ Kreis *Euler*-Wiege (χ = -2 - 94 °) mittels Vakuum justiert. Für die Hochtemperaturexperimente wurde ein spezieller Adapter für x-, y- und z-Positioniermöglichkeit sowie unbegrenzter φ-Rotation eingesetzt.

Für die Hochtemperaturexperimente kam ein Ofen von *MRI* mit Be-Halbkugel zum Einsatz. Die Messung erfolgte unter Luft und Stickstoff bei einer Maximaltemperatur von 800 ℃ und verschiedenen Aufheiz-/Abkühlgeschwindigkeiten von 2, 5, 10 und 20 K min^{-1}. Ein Platinheizband vom Typ *S Thermoelement* (Pt/PtRh), das an der Rückseite des Heizers befestigt (punktgeschweißt) ist, diente zur Temperaturmessung.

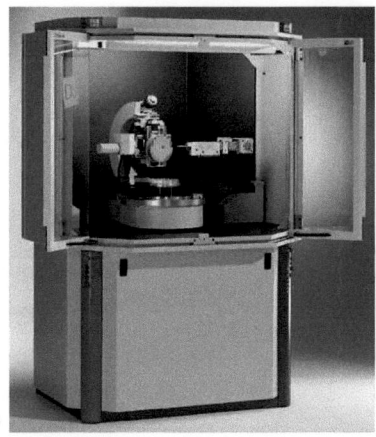

Abbildung 5-14: Röntgen-Diffraktometer D8 Discover von Bruker. [179]

5.2.16 Nanoindentation

Die Mikrohärteprüfung erfolgte an einem Nanoindenter *UNAT* von der *ASMEC GmbH* nach der DIN-Vorschrift EN ISO 14577 (1-3) von Michael Budnitzki an der TU-Bergakademie Freiberg. Untersucht wurden ZrO_2-Schichten auf Si-Waferstücken mit einer Fläche von ca. 20 x 20 mm. Das unbeschichtete Substrat wurde als Referenz gemessen und zu den erhaltenen Werten in Verhältnis gesetzt.

Es erfolgte die Aufnahme von Ladungs-Entladungskurven durch Messung der Eindringtiefe über die Krafteinwirkung. Aufgrund der geringen Schichtdicken, werden mehrere Schichten abgeschieden und die Härte mittels der quasi-kontinuierlichen Steifigkeitsmessung (QCSM) ermittelt. Dabei wird die Steifigkeit in jedem Punkt der Ladungs-/Entladungskurve gemessen, was eine höhere Genauigkeit zur Folge hat. Mit dem QCSM-Modul wird die Lastzunahme für kurze Zeit (1–4 s) gestoppt und der Piezospannung eine sinusförmige Schwingung überlagert. Mit einem Lock-In-Filter werden Amplitude und Phase der Schwingungen bestimmt.

Die elastischen Konstanten wurden aus rein elastischen Messungen mit einem Kugelindenter bestimmt. Für diese Messungen ist ein zusätzliches Software-Modul erforderlich, das es gestattet, die Last-Eindringtiefe-Kurven von elastischen Eindrücken mit kugelförmigen Prüfspitzen für beschichtete Proben zu berechnen. Aus den elastischen Eigenschaften des Substrates, lässt sich der E-Modul von sehr dünnen Schichten aus einem Fit der Kraft-Eindringtiefe-Kurve mit Hilfe des Modells berechnen. Diese Methode geht auf *Chudoba et al.* [180] zurück.

Als Indenter wird eine aus Diamant gefertigte dreiseitige Pyramide mit einem Öffnungswinkel von $\theta = 65,3°$ benutzt (*Berkovich*-Indenter). [181] Diese Art Indenter bietet gegenüber einer vierseitigen Geometrie den Vorteil, dass die Spitze exakter und definierter hergestellt werden kann. Die weiteren Messparameter in Tabelle 5-3 aufgeführt.

Tabelle 5-3: Parameter bei der Mikrohärteprüfung.

TESTPARAMETER		INDENTOR	
DIN-Vorschrift	EN ISO 14577 (1-3)	Typ	Berkovich
Frequenz [Hz]	75	Geometrie	3-seitige Pyramide
Tiefenlimit [nm]	400/500	Material	Diamant
Annäherungs- geschwindigkeit [mm s^{-1}]	10	Spitzenfläche [μm^2]	0,908
Messklima	22 ℃, 45 % r. F.	Öffnungswinkel [°]	142, 3

5.2.17 *Röntgen*-Reflektometrie (XRR)

Für die XRR-Messung kam ein Gerät des Typs *JVX5200T* von *Jordan Valley Semiconductors* zum Einsatz. Die Proben wurden mittels CuK$_\alpha$-Strahlung (Wellenlänge: 0,15406 nm) mit einem Einstrahlwinkel von 0,13° – 3,7° (bezüglich der Waferoberfläche) angeregt. Die Messung der reflektierten Intensitäten erfolgt mit Hilfe eines Dioden-Array-Detektors. Zur Auswertung der Spektren wurde die Methode des *Genetischen Algorithmus* herangezogen.

5.2.18 Raster-Kraft-Mikroskopie (AFM)

Die AFM-Untersuchungen wurden am Institut Fresenius in Dresden durchgeführt und ausgewertet. Für die Messungen kam ein *Rasterscope 3000* (**D**anish **M**icro **E**ngineering *A/S*) im Kontaktmodus mit einer SiO$_2$-Spitze zum Einsatz. Untersucht wurden ZrO$_2$-

Schichten auf Si-Waferstücken (Fläche von ca. 8 x 8 mm). Die Größe eines Scans betrug 1 µm x 1 µm.

5.2.19 Raster-Elektronen-Mikroskopie (REM)

Die Rasterelektronenmikroskopische Untersuchungen wurden am *Hitachi SEM S5000* sowie *S5200* an den Schichten auf Si-Wafern angefertigt (Abbildung 5-15). Vor der Analyse wurde auf die Schichten eine ca. 30 nm dicke Goldschicht aufgesputtert (10 mA/15 s), um die notwendige Leitfähigkeit zu erzielen. Der Arbeitsdruck betrug dabei 10^{-3} Pa. Mittels Rasterelektronenmikroskopie erfolgte die Schichtdickenbestimmung. Dafür wurde ein Querschnitt der Proben (*cross section*) untersucht.

Abbildung 5-15: Hitachi SEM S5200.

5.2.20 Transmissions-Elektronen-Mikroskopie (TEM)

Die Aufnahmen der TEM-Bilder wurden an einem *TECNAI G2 F20* der Firma *FEI* mit 200 keV und einer Punktauflösung von 0,21 nm angefertigt. Durch Kombination von TEM mit EDXS bzw. EELS kann die Schichtzusammensetzung bestimmt werden.

5.3 Synthesen

5.3.1 Synthese von PEG-freiem Sol

33,55 g (0,56 mol) Propanol, 47,68 g (0,48 mol) Acetylaceton und 25,76 g (1,43 mol) Wasser werden in einem 100 ml Becherglas mit Magnetrührstäbchen zusammen gegeben und ca. 1 min mittels eines Magnetrührwerks gerührt. In einem 1 l Rundkolben mit Magnetrührstäbchen werden 33,35 g (0,23 mol) Decanol, 33,35 g (0,4 mol) Pentanol sowie 222,24 g (0,48 mol) Zirkonium-tetra-*n*-propoxid vorgelegt und 1 min bei mittlerer Drehzahl gerührt. Anschließend wird die Mischung aus dem Becherglas unter Rühren zugesetzt, wobei eine merkliche Wärmeentwicklung feststellbar ist. Aus der klaren gelben Lösung wird mittels eines Rotationsverdampfers (*Rotavapor R-215 Advanced* von *Büchi*) das Propanol abdestilliert. Durch Azeotropbildung wir der überschüssige Wasseranteil entfernt. Die Destillation erfolgt bei 80 °C, 150 m bar und 140 U min^{-1} innerhalb von 35 min. Der so aufkonzentrierten Lösung werden 517,23 g (6,22 mol) Pentanol zugesetzt und die Mischung filtriert (Porendurchmesser: 0,2 µm). Der Fehler der Einwaage liegt bei ± 0,02 g.

5.3.2 Synthese von PEG-haltigem Sol

23,89 g Polyethylenglykol (PEG 600), 33,55 g (0,56 mol) Propanol, 47,68 g (0,48 mol) Acetylaceton und 25,76 g (1,43 mol) Wasser werden in einem 100 ml Becherglas mit Magnetrührstäbchen zusammen gegeben und ca. 1 min mittels eines Magnetrührwerks gerührt. In einem 1 l Rundkolben mit Magnetrührstäbchen werden 66,71 g (0,46 mol) Decanol und 222,24 g (0,48 mol) Zirkonium-tetra-*n*-propoxid vorgelegt und 1 min bei mittlerer Drehzahl gerührt. Anschließend wird die Mischung aus dem Becherglas unter Rühren zugesetzt, wobei eine merkliche Wärmeentwicklung feststellbar ist. Aus der klaren gelben Lösung wird mittels des Rotationsverdampfers das Propanol abdestilliert. Durch Azeotropbildung wir der überschüssige Wasseranteil entfernt. Die Destillation erfolgt bei 80 °C, 150 mbar und 140 U min^{-1} innerhalb von 35 min. Der so aufkonzentrierten Lösung werden 143,22 g (1,72 mol) Pentanol zugesetzt und die Mischung filtriert (Porendurchmesser: 0,2 µm).

Der Fehler der Einwaage liegt bei ± 0,02 g.

5.3.3 Verwendete Chemikalien und Substrate

Tabelle 5-4: Spezifitäten der verwendeten Reagenzien.

EDUKT	FORMEL	GEHALT	DICHTE	MOLMASSE
		in %	in g cm^{-3}	in g mol^{-1}
Zirkonium-tetra-n-propoxid in Propanol (Aldrich)	Zr(OC$_3$H$_7$)$_4$*C$_3$H$_7$OH	70	1,04	327,22
Acetylaceton (p. a., Merck)	CH$_3$COCH$_2$COCH$_3$	99	0,97	100,11
Polyethylenglykol 600 (p. a., Merck)	H(C$_2$H$_4$)$_n$OH	k. A.	1,13	> 600
Karl-Fischer-Reagenz B (pyridin-frei, Merck)	I$_2$*CH$_3$OH	k. A.	0,93	k. A.
Karl-Fischer-Lösungsmittel (CombiTitrant 1, Merck)		k. A.	1,09	k. A.

Tabelle 5-5: Spezifitäten der eingesetzten Lösungsmittel.

EDUKT	FORMEL	GEHALT	DICHTE	MOLMASSE
		in %	in g cm^{-3}	in g mol^{-1}
1-Propanol (p.a., Merck)	C$_3$H$_7$OH	99	0,80	46,11
1-Pentanol (p.a., Aldrich)	C$_5$H$_{11}$OH	99	0,80	88,17
1-Decanol (p.a., Merck)	C$_{10}$H$_{21}$OH	99	0,80	158,32
Wasser (deionisiert)	H$_2$O		1,00	18,02

Als Substratmaterial kamen nicht rotierte Wafer aus einkristallinem Silizium mit $\langle 110 \rangle$-Oberflächenorientierung von *Wacker Siltronic AG* (Freiberg), *Shin Etsu Chemical Co. Ltd.* (Tokio), *Komatsu NTC Ltd.* (Tokio), *MEMC Electronic Materials Inc.* (Missouri), *SUMCO Corporation* (Tokio) und *LG Siltron* (Gumi) zum Einsatz.

Grunddaten der Monitor-Standard-Wafer:

Durchmesser: 300 mm

Dicke: 775 µm

Fläche:	707 cm^2
Gewicht:	127,6 g
Dichte:	2,33 g cm^{-3}
Begleitstoff Sauerstoff:	6-8*10^{17} at cm^{-3}
Begleitstoff Kohlenstoff:	< 1*10^{16} at cm^{-3}

6 Anhänge

6.1 Symbole & Formelzeichen

A	Fläche
a, b, c	Bezeichnung für Gitterkonstanten
α	Polarisierbarkeit
α	Ausdehnungskoeffizient
α, β, γ	Winkel der Gittervektoren zueinander
β	Parameter für Absorption
β	apparatekorrigierte Linienbreite
β	Geometriefaktor des Nanoindenters
χ	Verkippungswinkel der Probe zum Strahl
C	Faktor für das Eindringverhalten des Indenters
D	Diffusionskoeffizient
d	Schichtdicke
Δ	Änderung der Phasendifferenz
δ	Parameter für Dispersion
E	Energie
E	Elastizitätsmodul
ε	Extinktionskoeffizient
F	Kraft
Φ_S	Austrittsarbeit
γ	Oberflächenspannung
H	Härte
h	Hydrolyseverhältnis
h	Eindringtiefe
h	*Planck*sches Wirkungsquantum
ΔH_t	Umwandlungsenthalpie
η	Viskosität
η	terminale Verknüpfung der Metallzentren
I	Intensität
φ	*Euler*-Winkel
K, L	Energieniveau
k	Korrekturfaktor
k_B	*Boltzmann*-Konstante
$\vec{k}$	Wellenvektor
L	Last

L	Kameralänge
λ	Wellenlänge
N	Koordinationszahl
N	Ordnungszahldifferenz
N_{Ads}	Zahl der Adsorbatteilchen
m	Masse
μ	Dipolmoment
μ	Absorptionskoeffizient
μ	verbrückte Verknüpfung der Metallzentren
n	Brechungsindex
ν	Wellenzahl
ν	*Poisson*-Zahl
p	Druck
p_{part}	Partialdruck
P	Porosität
P	Produkt
q	Normalkoordinate
Θ	Beugungswinkel
L	Kameralänge
R	Radikal
R_{Des}	Desorptionsrate
r	*Fresnel*-Reflexionskoeffizienten
r	Radius
r	Partikel-/Kristallitgröße
r	Ätzrate
ρ	Dichte
ρ	Änderung der Phasendifferenz zwischen s- und p-polarisierter Welle
S	Substrat
S	Selektivität
S	Kontaktsteifigkeit
T	Temperatur
t	Zeit
$t_{ätz}$	Ätzzeit
U_{BIAS}	*Bias*-Spannung (Vor- oder Beschleunigungsspannung)
U_{SOURCE}	*Source*-Spannung (Spannungsquelle)
x, y, z	kartesische Koordinaten
x	Komplexierungsverhältnis
Ψ	Änderung des relativen Amplitudenverhältnisses
z	Oxidationszahl
z	Abstand

6.2 Abkürzungen

AcAc	Acetylacetonat
AcAcH	Acetylaceton
AES	Atomemissionsspektroskopie
AFM	Atomic Force Microscopy (Rasterkraftmikroskopie)
ALD	Atomic Layer Deposition (Atomlagenabscheidung)
BARC	Bottom Anti-Reflexion Coating (Antireflexionsschicht)
BHF	Buffered Hydrofluoric acid (gepufferte Flusssäure)
CCP	Capacitive Coupled Plasma (kapazitivtiv gekoppeltes Plasma)
CMOS	Complementary Metal Oxide Semiconductor
CVD	Chemical Vapour Deposition (chemische Gasphasenabscheidung)
DLATGS	Deuteriertes L-Alanin dotiertes Triglyzinsulfat
DLS	Dynamische Lichtstreuung
DRAM	Dynamic Random Access Memory
DTA	Differenzthermoanalyse
ECR	Electron Cyclotron Resonance
EDXS	Energy Dispersive X-Ray Spectroscopy (energiedispersive *Röntgen*-Spektroskopie)
EELS	Electron Energy Loss Spectroscopy (Elektronenenergieverlust-spektroskopie)
ERDA	Elastic Recoil Detection Analysis (Rückstoßatom-Spektrometrie)
EXAFS	Extended X-Ray Absorption Fine Structure (*Röntgen*-Absorptions-spektroskopie)
FT-IR	*Fourier*-Transform-Infrarotspektroskopie
FSZ	Fully Stabilised Zirconia (vollstabilisiertes ZrO_2)
FWHM	Full-Width-Half-Maximum (Halbwertsbreite)
HRTEM	High-Resolution Transmission Electron Microscopy
HSAB	Hard and Soft Acids and Base
HTXRD	High Temperature X-Ray Diffraction
IBAD	Ion Beam Assisted Deposition
ICP	Inductively Coupled Plasma (induktiv gekoppeltes Plasma)
MERIE	Magnetic Enhanced Reactive Ione Etch
MIBK	Methylisobutylketon
MO	Molekülorbital

Nd:YAG	Neodym-dotierter Yttrium-Aluminium-Granat-Laser
PCS	Particle Correlation Spectroscopy (Partikelkorrelationsspektroskopie)
PEG	Polyethylenglykol
PGD	Pulsed Glow Discharge (gepulste Glimmentladung)
PGMEA	Propylenglykolmonomethylethylacetat (1-Methoxy-2-propyl-acetat)
PSZ	Partially Stabilised Zirconia (teilstabilisiertes ZrO_2)
PVD	Physical Vapour Deposition (Physikalische Gasphasenabscheidung)
PVP	Polyvinylpyrrolidon
QCSM	Quasi Continuous Stiffness Measurement (quasi-kontinuierliche Steifigkeitsmessung)
RMS	Root Mean Square (quadratisches Mittel)
RTA	Rapid Thermal Annealing
SC1	Standard Clean 1 ($NH_4OH/H_2O_2/H_2O$)
SE	spektroskopische Ellipsometrie
REM	Scanning Electron Microscopy (Rastkraftmikroskopie)
SIMS	Sekundärionen-Massenspektrometrie
STEM	Scanning Transmission Electron Microscopy
TDS	Thermische Desorptionsspektroskopie
TEM	Transmissionselektronenmikroskopie
TGA	Thermogravimetrische Analyse
ToF-SIMS	Time-of-Flight Secondary Ion Mass Spectroscopy (Flugzeit-Sekundärionen-massenspektroskopie)
TZP	Tetragonal Zirconia Polycrystals (polykristallines tetragonales ZrO_2)
ULPA	Ultra-Low Particulate Air (Filter für Reinräume)
XPS	X-Ray Photoelectron Spectroscopy (Photoelektronenspektroskopie)
XRD	X-Ray Diffraction (*Röntgen*-Diffraktometrie)
XRR	X-Ray Reflection (*Röntgen*-Reflektometrie)
YSZ	Yttrium-stabilisiertes Zirkoniumdioxid
a-ZrO_2	amorphes Zirkoniumdioxid
c-ZrO_2	kubisches Zirkoniumdioxid
m-ZrO_2	monoklines Zirkoniumdioxid
t-ZrO_2	tetragonales Zirkoniumdioxid
ZTP	Zirkonium-tetra-*n*-propoxid

6.3 Literaturverzeichnis

[1] Moore, G. E. Cramming more Components onto Integrated Circuits. *Electronics* **1965**, *38* (8), 114-117.

[2] Garvie, R. C. The Occurrence of Metastable Tetragonal Zirconia as a Crystallite Size Effect. *J. Phys. Chem.* **1965**, *69* (4), 1238-1243.

[3] Gillan, E. G.; Kaner, R. B. Rapid, Energetic Metathesis Routes to Crystalline Metastable Phases of Zirconium and Hafnium Dioxide. *J. Mater. Chem.* **2001**, *11*, 1951-1956.

[4] Alarcón, J. Synthesis and Characterization of Vanadium-containing ZrO_2 Solid Solutions Pigmenting. *J. Mater. Sci.* **2001**, *36*, 1189-1195.

[5] Elshabini-Riad, A.; Barlow III, F. D. *Thin Film Technology Handbook*. McGraw-Hill: New-York, **1997**.

[6] Kienel, G. *Vakuumbeschichtung – Anwendungen*. Band 4, VDI: Düsseldorf, **1993**.

[7] International Technology Roadmap for Semiconductors: http://www.itrs.net/home.html (letzter Aufruf: 12.09.2009)

[8] Ishimaru, K. 45nm/32nm CMOS - Challenge and Perspective *Solid-State Electron.* **2008**, *52*, 1266-1273.

[9] Klein, L. C. *Sol-Gel Technology for thin Films, Fibers, Preforms, Electronics, and specialty shapes.* Noyes Publications: New Jersey, **1988**.

[10] Zarzycki, J. Past and Present of Sol-Gel Science and Technology. *J. Sol-Gel Sci. Technol.* **1997**, *8* (1-3), 17-22.

[11] Sakka, S.; Klein, L. C.; Pope, E. J. A. *Sol-Gel Science and Technology – Ceramic Transactions*. American Ceramic Society: Los Angeles, **1995**.

[12] Uhlmann, D.; Teowee, G.; Boulton, J. The Future of Sol-Gel Science and Technology. *J. Sol-Gel Sci. Technol.* **1997**, *8* (1-3), 1083-1091.

[13] Gunji, T.; Nagao, Y.; Misono, T. *et al.* Preparation of SiO_2-TiO_2 Fibers from Polytitanosiloxanes. *J. Non-Cryst. Solids* **1989**, *107* (2-3), 149-154.

[14] Kamiya, K.; Sakka, S.; Tatemichi, Y. Preparation of Glass Fibres of the ZrO_2-SiO_2 and Na_2O-ZrO_2-SiO_2 Systems from Metal Alkoxides and their resistance to Alkaline Solution. *J. Mater. Sci.* **1980**, *15* (7), 1765-1771.

[15] Aizawa, M.; Nakagawa, Y.; Nosaka, Y. *et al.* Preparation of Hollow $_{TiO2}$ Fibers. *J. Non-Cryst. Solids* **1990**, *124* (1), 112-115.

[16] Taylor, A.; Holland, D. The Chemical Synthesis and Crystallization Sequence of Mullite. *J. Non-Cryst. Solids* **1993**, *152* (1), 1-17.

[17]   Deptula, A.; Lada, W.; Olczak T. *et al.* Preparation of Spherical Powders of Hydroxyapatite by Sol-Gel Process *J. Non-Cryst. Solids* **1990**, *147-148*, 537-541.

[18]   Hirashima, H.; Onishi, N. M. Preparation of PZT powders from metal alkoxides *J. Non-Cryst. Solids* **1990**, *121* (1-3), 404-406.

[19]   Sakka, S. *Handbook of Sol-Gel Science And Technology: Processing, Characterization, and Applications.* Kluwer: Boston, **2000**.

[20]   Brinker, C. J.; Scherer, G. W. *Sol-Gel Science: The Physics and Chemistry of Sol-Gel Processing.* Academic Press, Inc. Harcourt Brace Jovanovich Publishers: San Diego, **1990**.

[21]   Hench, L. L.; West, J. K. The Sol-Gel Process. *Chem. Rev.* **1990**, *90* (1), 33-72.

[22]   Hench, L. L.; Ulrich, D. R. *Science of Ceramic Chemical Processing.* Wiley-VCH: Weinheim/ New York, 1986.

[23]   Livage, J.; Henry, M.; Sanchez, C. Sol-Gel Chemistry of Transition Metal Oxides. *Progress in Solid State Chemistry* **1988**, *18*, 259-341.

[24]   Hench, L. L.; Ulrich, D. R. *Ultrastructure Processing of Ceramics, Glasses and Composites.* Wiley-VCH: Weinheim/ New York, **1984**.

[25]   Dislich, H. New Routes to Multicomponent Oxide Glasses. *Angew. Chem. Int. Ed.* **1971**, *10*, 363-370.

[26]   Stern, O. Zur Theorie der Electrolytischen Doppelschicht. *Z. Elektrochem.* **1924**, *30*, 508-516.

[27]   Holleman, A.; Wiberg, E. *Lehrbuch der anorganischen Chemie.* 101. Auflage, Walter de Gruyter: Berlin/New York, **1995**.

[28]   Schmidt, H. K. Das Sol-Gel-Verfahren. *Chem. unserer Zeit* **2001**, *35* (3), 176-184.

[29]   Vetterlein, J.; Mehner, A.; Felde, B. Partielles Niederdruckaufkohlen durch lokale Aufbringung von Diffusions Sperrschichten im Sol-Gel-Verfahren. *J. Heat Treatm. Mat.* **2006**, *61* (4), 178-185.

[30]   Flory, P. J. *Principles of Polymer Chemistry,* Cornell University Press: Ithaca/London, **1953**.

[31]   Stockmayer, W. H. Theory of Molecular Size Distribution and Gel Fraction in branched-chain Polymers *J. Chem. Phys.* **1943**, *11*, 45-55.

[32]   Stauffer, D.; Aharony, A. *Introduction to Percolation Theory.* Taylor and Fransis: London, **1994**.

[33]   Scherer, G. W. Sintering of Sol-Gel Films. *8th International Symposium on Glasses and Ceramics from Gels.* Faro, Portugal, 1995.

[34]   Hubert-Pfalzgraf, L. G. Metal Alkoxides and ß-Diketonates as Precursors for Oxide and Non-Oxide Thin Films. *Appl. Organomet.Chem.* **1992**, *6* (8), 627-643.

[35]   Harris, M. T.; Singhal, A.; Look, L. J. *et al.* FTIR Spectroscopy, SAXS and Electrical Conductivity Studies of the Hydrolysis and Condensation of Zirconium and Titanium Alkoxides. *J. Sol-Gel Sci. Technol.* **1997**, *8* (1-3), 41-47.

[36]   Schubert, U.; Hüsing, N. *Synthesis of inorganic materials.* Wiley-VCH: Weinheim/New York, **2000**.

[37]   Livage, J. ; Sanchez, C. Sol-Gel Chemistry. *J. Non-Cryst. Solids* **1992**, *145*, 11-19.

[38]   Bradley, D. C.; Mehrotra, R. C.; Gaur, D. P. *Metal Alkoxides.* Academic Press: London, **1978**.

[39]   Ribot , F.; Toledano, P.; Sanchez, C. Hydrolysis-Condensation Process of ß-Diketonates-Modified Cerium(IV) Isopropoxide *Chem. Mater.* **1991**, *3* (4), 759-764.

[40]   Kessler, V. G.; Spijksma, G. I.; Seisenbaeva, G. A. *et al.* New insight in the role of modifying ligands in the sol-gel processing of metal alkoxide precursors. *J. Sol-Gel Sci. Technol.* **2006**, *40*, 163-179.

[41]   Leaustic, A.; Babonneau, F.; Livage, J. Structural Investigation of the Hydrolysis-Condensation Process of Titanium Alkoxides Ti(OR)4 (OR = OPr-iso, OEt) modified by Acetylacetone. *Chem. Mater.* **1989**, *1* (2), 240-247.

[42]   Papet, P.; Le Bars, N.; Baumard, J. F. *et al.* Transparent Monolithic Zirconia Gels: Effects of Acetylacetone Content on Gelation *J. Mater. Sci.* **1989**, *24*, 3850-3854.

[43]   Livage, J.; Babonneau, F.; Chatry, M. *et al.* Sol-Gel Synthesis and NMR Characterization of Ceramics. *Ceram. Int.* **1997**, *23*, 13-18.

[44]   Spijksma, G. I.; Bouwmeester, H. J. M.; Blank, D. *et al.* Stabilization and Destabilization of Zirconium Propoxide Precursors by Acetylacetone. *J. Chem. Soc., Chem. Commun.* **2004**, *16*, 1874-1875.

[45]   Mehrotra, R. C.; Bohra, R.; Gaur, D. P. *Metal ß-Diketonates and Allied Derivates*, Academic Press: London, **1978**.

[46]   Toledano, P.; In, M.; Sanchez, C. Synthèse et étude structurale du composé [$Zr_4(m_4O)(m_2OPrn)_4(acac)_4$]. *C. R. Acad. Sci. Paris, Ser. II* **1990**, *311*, 1161.

[47]   Clegg, W. Redetermination of the Structure of Tetrakis (Acetyl-Acetonato) Zirconium(IV). *Acta Cryst.* **1987**, *C 43*, 789-791.

[48]   Vossen, J. L.; Kern, W. *Thin film processes.* Academic Press: San Diego, **1978**.

[49]   Hartnagel, H. L. *Semiconducting transport thin films.* Institute of Physics Publishing: London, **1995**.

[50]   Spur, G. *Abtragen, Beschichten. Vol. 4: Abtragen, Beschichten und Wärmebehandeln.* Carl Hanser Verlag: München, **1987**.

[51]   Kistler, S. F.; Schweizer, P. M. *Liquid Film Coating, Scientific Principals and their Technological Implications.* Chapman & Hall: London, **1997**.

[52]   Brewer Science http://www.brewerscience.com/research/processing-theory/spin-coater-theory/ (letzter Aufruf: 28.08.2010).

[53]   Lässig, A.; Völkel, L. *Resist – The key of structuring* Vortrag, *Qimonda* Dresden GmbH & Co. OHG 2007.

[54]   Navrotsky, A. Thermochemical Insights into Refractory Ceramic Materials based on Oxides with large Tetravalent Cations. *J. Mater. Chem.* **2005**, *15*, 1883-1890.

[55]   Heuer, A. H.; Hobbs, L. W. *Advances in ceramics, Science and Technology of Zirconia.* Elsevier: Amsterdam, **1981**.

[56]   Keramikverband www.keramverband.de/pic/bild13.gif (letzter Aufruf: 28.08.2010).

[57]   Garvie, R. C.; Nicholson, P. S. Phase Analysis in Zirconia Systems. *J. Am. Ceram. Soc.* **1972**, *67*, 303-305.

[58]   Rieth, P. H.; Reed, J. S.; Naumann, A. W. Fabrication and Flexural Strength of Ultra-fine Grained Yttria-stabilised Zirconia. *Bull. Am. Ceram. Soc.* **1976**, *55*, 717-721.

[59]   Gupta, T. K.; Bechtold, J. H.; Kuznickie, R. C. *et al.* Stabilization of Tetragonal Phase in Polycrystalline Zirconia. *J. Mater. Sci.* **1978**, *13*, 1464-1470.

[60]   Keramikverband http://www.keramverband.de/pic/bild14.gif (letzter Aufruf: 28.08.2010).

[61]   Keramikverband http://www.keramverband.de/pic/bild15.gif (letzter Aufruf: 28.08.2010).

[62]   Garvie, R. C. Stabilization of the Tetragonal Structure in Zirconia Microcrystals. *J. Phys. Chem.* **1978**, *82* (2), 218-224.

[63]   Murase, Y.; Kato, E. Phase Transformation of Zirconia by Ball-Milling. *J. Am. Ceram. Soc.* **1979**, *62* (9-10), 527-1527.

[64]   Murase, Y.; Kato, E. Role of Water Vapor in Crystallite Growth and Tetragonal-Monoclinic Phase Transformation of ZrO_2. *J. Am. Ceram. Soc.* **1983**, *66* (3), 196-200.

[65]   Livage, J.; Doi, K.; Mazieres, C. Nature and Thermal Evolution of Amorphous Hydrated Zirconium Oxide. *J. Am. Ceram. Soc.* **1968**, *51* (6), 349-353.

[66]   Mitsuhashi, T.; Ichihara, M.; Tatsukc, U. Characterization and Stabilization of Metastable Tetragonal ZrO_2. *J. Am. Ceram. Soc.* **1974**, *57* (2), 97-101.

[67]   Igarashi, A.; Yamazaki, H. Preparation of High Sureface Area ZrO_2 and ZrO_2-Y_2O_3 from the Alkoxide. *J. Sol-Gel. Sci. Techn.* **1994**, *2*, 413-415.

[68]   French, R. H.; Glass, S. J.; Ohuchi, F. S. *et al.* Experimental and Theoretical Determination of the Electronic Structure and Optical Properties of three Phases of ZrO_2. *Phys. Rev. B* **1994**, *49* (8), 5133-5142.

[69]   Damyanova, S.; Pawelec, B.; Arishtirova, K. *et al.* Study of the Surface and Redox Properties of Ceria–Zirconia Oxides. *Appl. Catal.Gen.* **2008**, *337*, 86-96.

[70]   Mehner, A.; Klümper-Westkamp, H.; Hoffmann, F. *et al.* Crystallization and Residual Stress Formation of Sol-Gel-derived Zirconia Films. *Thin Solid Films* **1997**, *308-309*, 363-368.

[71]   Cutler, R. A.; Reynolds, J. R.; Jones, A. Sintering and characterization of Polycrystalline Monoclinic, Tetragonal and Cubic Zirconia. *J. Am. Ceram. Soc.* **1992**, *75* (8), 2173-2183.

[72]   Osendi, M. I.; Moya, J. S.; Serna, C. J. *et al.* Metastability of Tetragonal Zirconia Powders. *J. Am. Ceram. Soc.* **1985**, *68* (3), 135-139.

[73]   Pitcher, M. W.; Ushakov, S. V.; Navrotsky, A. *et al.* Energy Crossovers in Nanocrystalline Zirconia. *J. Am. Ceram. Soc.* **2005**, *88* (1), 160-167 (2005).

[74]   Navrotsky, A. Energetics of Nanoparticle Oxides. *Geochem. Trans.* **2003**, *4*, 34-37.

[75]   Soo, Y. L.; Chen, P. J.; Huang, S. H. *et al.* Local Structures Surrounding Zr in Nanostructurally Stabilized Cubic Zirconia. *J. Appl. Phys.* **2008**, *104*, 113535.

[76]   Böscke, T. *Crystallography and Electronic Properties of HfO_2 and ZrO_2 based Nanoscale Thin Films.* (Dissertation), Technische Universität Hamburg-Harburg, **2008**.

[77]   Wang, H.; Li, G.; Xue, Y. *et al.* Hydrated Surface Structure and its Impacts on the Stabilization of t-ZrO_2. *J. Solid State Chem.* **2007**, *180*, 2790-2797.

[78]   Hennicke, H. W. Zum Begriff Keramik und zur Einteilung keramischer Werkstoffe. *Ber. der Dt. Keram. Ges.* **1967**, *44*, 209-211.

[79]   Lide, D. R. *CRC Handbook of Chemistry and Physic.* 87th Edition, Taylor & Francis **2006**.

[80]   VDI- Gesellschaft Verfahrenstechnik Und Chemieingenieurwesen (Hrsg.): *VDI-Wärmeatlas.* 10. Aufl., VDI-Verlag: Düsseldorf, **2006**.

[81]   Wang, D. N.; Liang, K. M. The effect of carbon on the phase stability of zirconia. *J. Mater. Sci. Lett.* **1998**, *17*, 343-344.

[82]   Yang, X.; Jia, H.; Zhang, X. et al. Sintering behaviors and mechanical properties of carbon-coated ZrO_2 nano-powders. *Chinese J. Mater. Res.* **2006**, *21* [1], 107-112.

[83] Bernstein, E.; Blanchin, M. G.; Samdi, A. Structural Characteristics of ZrO_2 Powders prepared from Acetates. *Ceram. Int.* **1989**, *15*, 337-343.

[84] Chatry, M. ; Henry, M.; In, M. *et al.* The Role of Complexing Ligands in the Formation of Non-Aggregated Nanoparticles of Zirconia. *J. Sol-Gel Sci. Technol.* **1994**, *1*, 233-240.

[85] Viazzi, C.; Deboni, A.; Zoppas Ferreira, J. *et al.* Synthesis of Yttria Stabilized Zirconia by Sol-Gel Route. *Solid State Sciences* **2006**, *8*, 1023-1028.

[86] Turova, N. Y.; Turevskaya, E. P.; Yanovskaya, M. I. *et al.* Physicochemical Approach to the Studies of Metal Alkoxides. *Polyhedron* **1998**, *17* (5-6), 899-915.

[87] Fischer, K. Neues Verfahren zur maßanalytischen Bestimmung des Wassergehaltes von Flüssigkeiten und festen Körpern. *Angew. Chem.* **1935**, *48* (26), 394-396.

[88] Madou, M. *Fundamentals of Microfabrication*. CrC Press: Boca Raton, **1997**.

[89] Perdomo, F.; Lima-Neto, P.; Aegerter, M. A. *et al.* Sol-Gel Deposition of ZrO_2 Films in Air and in Oxygen-free Atmospheres for Chemical Protection of 304 Stainless Steel. *J. Sol-Gel Sci. Technol.* **1999**, *15* (1) 87-91.

[90] Cueto, L. F.; Sánchez, E.; Torres-Martínez, L. M. *et al.* On the Optical, Structural and Morphological Properties of ZrO_2 and TiO_2 Dip-Coated Thin Films Supported on Glass Substrates. *Mater. Charact.* **2005**, *55*, 263-271.

[91] In, M.; Prud´homme, R. K. Fourier Transform Mechanical Spectroscopy of the Sol-Gel Transition in Zirconium Alkoxide Ceramic Gels. *Rheol. Acta* **1993**, *32*, 556-565.

[92] Weidlein, J.; Müller, U.; Dehnicke, K. *Schwingungsspektroskopie*. Thieme: Stuttgart, **1988**.

[93] Krishnan, V.; Gross, S.; Müller, S. *et al.* Structural Investigations on the Hydrolysis and Condensation Behavior of Pure and Chemically Modified Alkoxides. *J. Phys. Chem. B* **2007**, *111*, 7519-7528.

[94] Preiss, H.; Schierhorn, E.; Brzezinka, K.-W. Synthesis of Polymeric Titanium and Zirconium Precursors and Preparation of Carbide Fibres and Films. *J. Mater. Sci.* **1998**, *33*, 4697-4706.

[95] Sun, Y.; Sermon, P. A. Surface Reactivity and Bulk Properties of ZrO_2. *J. Mater. Chem.* **1996**, *6* (6), 1019-1023.

[96] Mendoza-Serna, R.; Méndez-Vivar, J.; Loyo-Arnaud, E. *et al.* Preparation and Characterization of Porous SiO_2-Al_2O_3-ZrO_2 Prepared by the Sol-Gel Process. *J. Porous Mater.* **2003**, *10*, 31-39.

[97]   Ehrhart, G.; Capoen, B.; Robbe, O. *et al.* Structural and Optical Properties of n-Propoxide Sol-Gel derived ZrO2 Thin Films. *Thin Solid Films* **2006**, *496* (2) 227-233.

[98]   Kickelbick, G.; Feth, M. P.; Bertagnolli, H. *et al.* Formation of Organically Surface-modified Metal Oxo Clusters from Carboxylic Acids and Metal Alkoxides. *J. Chem. Soc., Dalton Trans.* **2002**, 3892-3898.

[99]   Pouchert, C. J. *The Aldrich Library of Infrared Spectra*. 3rd Edt., Aldrich Chemical: Milwaukee, **1981**.

[100]   Kriegsmann, H.; Licht, K. Spektroskopische Untersuchungen an Titan- und Kieselsgurestern *Z. Elektrochem.* **1958**, *62*, 1163-1174.

[101]   Adams, R. W.; Martin, R. L.; Winter, G. Possible Ligand Field Effects in Metal-Oxygen Vibrations of some First-Row Transition Metal Alkoxides. *Aust. J. Chem.* **1967**, *20* (4), 773-774.

[102]   Zhao, J.; Fan, W.; Dong, W. *et al.* Synthesis of Highly Stabilized Zirconia Sols from Zirconium n-Propoxide-Diglycol System. *J. Non-Cryst. Solids* **2000**, *261*, 15-20.

[103]   Ohring, M. *The materials science of thin films – deposition and structure.* Academic Press: San Diego, **1991**.

[104]   Syms, R. R. A.; Holmes, A. S. Deposition of Thick Silica-Titania Sol-Gel Films on Si Substrates. *J. Non-Cryst. Solids* **1994**, *170*, 223-233.

[105]   Chang, K.-M.; Wang, S.-W. *Structure for Reducing Stress between Metallic Layer and Spin-on-Glass Layer*. US Patent 5955200, 21.09.1999.

[106]   Ohyama, M.; Kouzuka, H.; Yoko, T. Sol-gel preparation of ZnO Films with Extremely Preferred Orientation along (002) Plane from Zinc Acetate Solution. *Thin Solid Films* **1997**, *306* (1), 78-85.

[107]   Ceramics Engineering Laboratory, Department of Materials Science & Engineering, Kansai University http://www.kumse.kansai-u.ac.jp/LABHPFILE/ceramics/ENG (110) Kenkyu.html (letzter Aufruf: 03.09.2010).

[108]   Dudek, H. J. Mikrobereichs- und Oberflächenanalyse in der Werkstoff-Forschung. *Z. Werkstofftech.* **1987**, *18*, 299-305.

[109]   Grasserbauer, M.; Dudek, H. J.; Ebel, M. F. *Angewandte Oberflächenanalyse mit SIMS, AES und XPS*. Springer: Berlin/ Heidelberg/New York, **1986**.

[110]   Düsterhöft, H.; Riedel, M.; Düsterhöft, B.-K. *Einführung in die Sekundärionen-massenspektrometrie-SIMS*. Teubner: Stuttgart/ Leipzig, **1999**.

[111] Jablonski, A.; Powell, C. J. Relationships between Electron Inelastic Mean Free Paths, Effective Attenuation Lengths, and Mean Escape Depths. *J. Electron Spectrosc.* **1999**, *100*, 137-160.

[112] Briggs, D.; Seal, M. P. *Practical Surface Analysis, Vol.1: Auger and X-Ray Photoelectron Spectroscopy.* Wiley-VCH/Salle + Sauerländer: New York/Aarau, **1990**.

[113] Dr. Laure Plasmatechnologie GmbH http://www.laure-plasma.de/images/XPS-Spektrum%20schematisch.jpg (letzter Aufruf: 28.08.2010).

[114] Shukla, S. ; Seal, S.; van Fleet, R. Sol-Gel Synthesis and Phase Evolution Behavior of Sterically Stabilized Nanocrystalline Zirconia. *J. Sol-Gel Sci. Technol.* **2003**, *27*, 119-136.

[115] *Handbooks of Monochromatic XPS Spectra.* Vol 2 http://www.xpsdata.com/ zro2.pdf (letzter Aufruf: 2.12.2009).

[116] Balaceanu, M.; Braic, M.; Braic, V. *et al.* Properties of ARC Plasma Deposited TiCN/ZrCN Superlattice Coatings. *J. Optoelectr. Adv. Mat.* **2005**, *7* (5), 2557-2560.

[117] Guittet, M. J.; Crocombette, J. P.; Gautier-Soyer, M. Bonding and XPS Chemical Shifts in ZrSiO4 versus SiO2 and ZrO2 *Phys. Rev. B* **2001**, *63*, 125117.

[118] Cruguel, H.; Guittet, M. J.; Kerjan, O. *et al.* Bonding and Chemical Shifts in Aluminosilicate Glasses. *J. Electron Spectrosc. Relat. Phenom.* **2003**, *128*, 271-278.

[119] Brenier, R.; Gagnaire, A. Densification and Aging of ZrO_2 Films Prepared by Sol-Gel. *Thin Solid Films* **2001**, *392*, 142-148.

[120] Poncelet, O.; Hubert-Pfalzgraf, L. G. Chemistry of Yttrium Triisopropoxide Revisited. *Polyhedron* **1990**, *9*, 1305-1310.

[121] Zhao, J.; Santos, J. D. Crystallization and Microstructure Analysis of Calcium Phosphate-based Glass Ceramics for Biomedical Applications. *J. Non-Cryst. Solids* **2001**, *272*, 14-21.

[122] Bragg, W.H.; Bragg, W.L. The reflection of X-rays by crystals I. *Proc. Roy. Soc.* **1913**, A88, 428-438.

[123] Adams, C. R.; Benesi, H. A.; Curtis, R. M. *et al.* Particle Size Determination of Supported Catalytic Metals. *J. Catal.* **1962**, *1* [4], 336-344.

[124] Spenadel, L.; Boudart, M. Dispersion of Platinum on Supported Catalysts. *J. Chem. Phys.* **1960**, *64*, 204-207.

[125] Fagherazzi, G.; Canton, P.; Riello, P. *et al.* Nanostructural Features of Pd/C Catalysts Investigated by Physical Methods. *Langmuir* **2000**, *16*, 4539-4546.

[126] Scherrer, P. Bestimmung der Größe und der inneren Struktur von Kolloidteilchen mittels Röntgenstrahlen. *Göttinger Nachrichten* **1918**, *2*, 98-100.

[127] Kramer, D. E.; Volinsky, A. A.; Moody, N. R. *et al.* Substrate effects on indentation plastic zone development in thin soft films. *J. Mater. Res.* **2001**, *16* (11), 3150-3157.

[128] Oliver, W. C.; Pharr, G. M. An Improved Technique for Determining Hardness and Elastic Modulus using Load and Displacement Sensing Indentation Experiments. *J. Mater. Res.* **1992**, *7* (6), 1564-1582.

[129] Sneddon, I. N. The Relation between Load and Penetration in the Axisymmetric Boussinesq Problem for a Punch of Arbitrary Profile. *Int. J.Engng Sci.* **1965**, *3*, 47-57.

[130] Pharr, G. M. Measurement of Mechanical Properties by Ultralow Load Indentation. *Mater. Sci.Engi.A* **1998**, *253* (1-2), 151-159.

[131] Hertz, H. Über die Berührung fester elastischer Körper. *J. Reine Angew. Math.* **1881**, *92*, 156-171.

[132] Chiang, C.-J.; Bull, S.; Winscom, C. *et al.* A Nano-Indentation Study of the Reduced Elastic Modulus of Alq3 and NPB Thin-Film used in OLED Devices *Organic Electronics* **2010**, *11* (3), 450-455.

[133] Field, J. E.; Telling, R. H. *The young modulus and Poisson ratio of diamond.* Research Note of PCS Cavendish Laboratory, Department of Physics: Cambridge, **1999**.

[134] Mehner, A.; Datchery, W.; Bleil, N. *et al.* The Influence of Processing on Crack Formation, Microstructure, Density and Hardness of Sol-Gel Derived Zirconia Films. *J. Sol-Gel Sci.Techn.* **2005**, *36*, 25-32.

[135] Elmustafa, A. A. Pile-up/sink-in of rate-sensitive nanoindentation creeping solid. *Modelling Simul. Mater. Sci. Eng.* **2007**, *15*, 823-834.

[136] Wolf, K.; Holzhüter, T. Zirkonoxid – Ein neuer Werkstoff für den Pumpenbau in der chemischen Industrie. *Chemie-Technik* **1988**, *8*, 24-25.

[137] Namavar, F.; Wang, G.; Cheung, C. L. *et al.* Thermal Stability of Nanostructurally Stabilize Zirconium Oxide. *Nanotechnology* **2007**, *18* (41), 415702.

[138] Orbán, G. Brechung von Röntgenstrahlen an Glas. *Z. Phys. A* **1933**, *85* (11-12), 741-753.

[139] Als-Nielsen, J.; McMorrow, D. *Elements of Modern X-ray Physics.* Wiley-VCH: Weinheim/ New York, **2001**.

[140] Hecht, E. *Optik.* Oldenbourg Wissenschaftsverlag: München, **2005**.

[141] Fresnel, A. J.; Ritter, F. *Abhandlungen über die Beugung des Lichts*. Akademische Verlagsgesellschaft: Leipzig, **1926**.

[142] Yoldas, B. E. Zirconium oxides formed by Hydrolytic Condensation of Alkoxides and Parameters that Affect their Morphology. *J. Mat.Sci.* **1986**, *21*, 1080-1086.

[143] Yoldas, B. E. Investigations of Porous Oxides as an Antireflective Coating for Glass Surfaces. *Applied Optics* **1980**, *19* (9), 1425-1429.

[144] French, R. H.; Glass, S. J.; Ohuchi, F. S. *et al.* Experimental and theoretical determination of the electronic structure and optical properties of three phases of ZrO_2. *Phys. Rev. B* **1994**, *49* (8), 5133-5142.

[145] Köhler, M. *Ätzverfahren für die Mikrotechnik.* Wiley-VCH: Weinheim/ New York, **1998**.

[146] Kendall, D. L.; Fleddermann, C. B.; Malloy, K. J. Critical Technologies for the Micromachining of Silicon. *Semiconductors and Semimetals* **1992**, *37*, 301-308.

[147] Innovations Report: Infineon präsentiert Durchbruch bei der DRAM-Trench-Technologie. vom 14.12.2004; http://www.innovations-report.de/html/berichte/ informationstechnologie/bericht-37770.html (letzter Aufruf: 28.08.2010).

[148] Intel-Pressebereich: Intel schließt 32-nm-Prozessentwicklung erfolgreich ab. http://www.intel.com/cd/corporate/pressroom/emea/deu/410929.htm (letzter Aufruf: 28.08.2010).

[149] http://www.computerbase.de/news/hardware/prozessoren/intel/2010/januar/intel-stellt-18-32-nm-prozessoren-vor/ (letzter Aufruf: 04.11.2010)

[150] http://www.halbleiter.org/trockenaetzen/trockenaetzen/ (letzter Aufruf: 11.01.2010)

[151] Crystec Technology Trading GmbH: Gravure de plasma avec des ions réactives, RIE. http://www.crystec.com/plasma %20etcher.gif (letzter Aufruf: 28.08.2010).

[152] Schwedt, G. *Analytische Chemie.* Wiley-VCH: Weinheim/ New York, **2008**.

[153] Israel, D. *Die Ionenverteilungsfunktion an der Elektrode einer kapazitiv gekoppelten Hochfrequenz-Entladung.* (Dissertation), Ruhr-Universität Bochum, 2006.

[154] PSE-ONLINE v3.0 http://www.pse118-online.de/40-Zr.htm (Stand: 12.01.2010)

[155] Kern, W.; Puotinen, D. A. Cleaning Solutions based on Hydrogen Peroxide for use in Silicon Semiconductor Technology. *RCA Review* **1970**, *31*, 187-206.

[156] Kern, W. The Evolution of Silicon Wafer Cleaning Technology. *J. Electrochem. Soc.* **1990**, *137* (6), 1887-1892.

[157] Schwarz, R.; Deisler, H. Zur Existenzfrage des Zirkonmonoxyds. *Chem. Ber.* **1919**, *52*, 1896-1903.

[158] Schumicki, G.; Seegebrecht, P. *Prozesstechnologie*, Springer: Berlin/Heidelberg/ New York, **1991**.

[159] Jung, S.; Song, H.; Kim, D. *et al*. Inductively Coupled Plasma Etching of SiO_2 layers for Planar Lightwave Circuits. *Thin Solid Films* **1999**, *341*, 188-191.

[160] Arnold, J. C.; Sawin, H. H. Charging of Pattern Features during Plasma Etching. *J. Appl. Phys.* **1991**, *70*, 5314-5317.

[161] Min, J.; Hwang, S.; Lee, G. *et al*. Redeposition of Etch Products on Sidewalls during SiO2 Etching in a Fluorocarbon Plasma. *J. Vac. Sci. Techn. B* **2003**, *21*, 2198-2204.

[162] Schaepkens, M.; Oehrlein, G. S. A Review of SiO_2 Etching Studies in Inductively Coupled Fluorocarbon Plasmas. *J. Electrochem. Soc.* **2001**, *148*, C211-C221.

[163] Oehrlein, G. S.; Rembetski, J. F. Plasma-based Dry Etching Techniques in the Silicon Integrated Circuit Technology. *IBM J. Res. Develop.* **1992**, *36*, 140-157.

[164] Oehrlein, G. S. Surface Processes in low Pressure Plasmas. *Surf. Sci.* **1997**, *386*, 222-230.

[165] Ingram, S. G. The influence of substrate topography on ion bombardment in plasma etching. *J. Appl. Phys.* **1990**, *68*, 500-504.

[166] Sankaran, A.; Kushner, M. J. Integrated Feature Scale Modeling of Plasma Processing of Porous and Solid SiO_2. *J. Vac. Sci. Techn. A* **2004**, *22*, 1242-1259.

[167] Sankaran, A. *Surface reaction mechanisms for plasma processing of semiconductors* (Dissertation), University of Illinois at Urbana-Champaign, **2003**.

[168] Hsu, Y.; Standaert, T. E.; Oehrlein, G. S. *et al*. Fabrication of Cu Interconnects of 50 nm Linewidth by Electron-Beam Lithography and High-Density Plasma Etching. *J. Vac. Sci Techn. B* **1998**, *16*, 3344-3348.

[169] Kim, M.; Min, N.-K.S.; Yun, J. *et al.*On the Etching Mechanism of ZrO_2 thin Films in Inductively Coupled BCl_3/Ar Plasma. *Microelectronic Engineering* **2008**, *85*, 348-354.

[170] Tokyo Electron Limited: *System Overview – Clean Track ACT 12* (Bedienungsanleitung).

[171] http://www.lamrc.com/images/Products/4200_SI_ad.jpg LAM Research Cooperation (letzter Aufruf: 06.10.2009).

[172] Toennis, A. *Defect-Free High-Temperature Processing* in Advanced Substrate News, Vol. 10 vom 16.07.2008; http://www.advancedsubstratenews.com/ index.php?newsletter=1&nomRubrique=Shoptalk&rubrique=19 (letzter Aufruf: 28.08.2010).

[173] Applied Materials: *AxiomTM HT for Post-Poly Etch*. Product Overview (Februar 2004).

[174] Semilab AMS 2009 http://www.advancedmetrologysystems.com/technical_specs /TechSpec_IR3000_31207.pdf (letzter Aufruf: 14.10.2009).

[175] Tompkins, H. G.; McGahan, W. A. *Spectroscopic Ellipsometry and Reflectometry - A User's Guide*. John Wiles & Sons, Inc.: New York, **1999**.

[176] Hess, P. Laser Diagnostics of Mechanical and Elastic Properties of Silicon and Carbon Films. *Appl. Surf. Sci.* **1996**, *106*, 429-437.

[177] Scofield, J. H. Hartree Slater Subshell Photoionization Cross-Sections at 1254 and 1487 eV. *J. Electron.Spectrosc.* **1976**, *8*, 129-137.

[178] Forschungszentrum Dresden Rossendorf http://www.fzd.de/DB/Cms?pOid= 24556 &pNid=307&pContLang=de (letzter Aufruf: 08.03.2010)

[179] Science Education Resource Center http://serc.carleton.edu/images/research_ education/geochemsheets/techniques/D8-Discover-bruker.jpg (letzter Aufruf: 06.10.2009).

[180] Chudoba, T.; Griepentrog, M.; Dück A. *et al.* Young's modulus measurements on ultra-thin coatings. *Int. J. Mat. Res.* **2004**, *19*, 301.

[181] Berkovich, E. S. Three-faceted diamond pyramid for micro-hardness testing. *Ind. Diamond Rev.* **1951**, *11*, 129-133.

Printed by Books on Demand GmbH, Norderstedt / Germany